「論理と集合
数学を理解するための基礎」

辻　一夫［著］

サンライズ出版

はじめに

筆者が大学に入学し、初めて受けた数学の授業は解析学であった。講師の先生は何の説明もなく、藪から棒に、関数 $f(x)$ が $x = a$ において連続であるとは、$\forall \varepsilon > 0$, $\exists \delta > 0$, ……と切り出した。高校の数学にそれなりの自信を持っていた私ではあったが、何のことやらさっぱり分からず、大学の数学に面くらってしまった。数学の前期の試験成績は確か15点であったことを思い出した。これが世にいう「高校の数学と大学の数学との断絶」であったのだろう。

当時は適切な参考書などはなく、講師の板書をメモしたノートのみであった。それを何度も読み返して理解しようと努めたが、結局のところ、なぜそれでよいのかが分からなかった。そのうち、学園紛争の嵐に巻き込まれてしまった。定年後になって時間ができたとき、学生時代にやり残した部分や理解できなかった点について、もう一度勉強しようと思い立ち、後書きに記した書物などを勉強して、ようやく理解することができた。

その過程において、当たり前のこととして教わらなかった「論理学」が自分には欠落していたことを理解した。そこで、本書では、大学の数学を理解するのに必須となる論理を解説し、論理を根幹として集合論が築かれ、その集合の上に各種の数学的諸概念が築かれていることを示した。いずれも高校程度の数学の素養があれば、理解できる内容である。

本書を読まれ、科学の基礎となっている数学が、論理の上に成り立っていることを学んでいただきたい。これこそが筆者の望むところである。

謝辞

本書を世に出すことができたのは、サンライズ出版（株）の社長岩根順子氏が筆者の原稿を読み、出版を快諾されたことによるものである。岩根氏は、筆者の出身校である滋賀県立彦根東高等学校の同窓のよしみである。

氏のご紹介により編集の労を引き受けてくださった秋山久義氏は、筆者のつたない原稿を読者の立場に立って隅々まで目を通し、読者に読みやすく理解しやすいようにと、言葉使いや文字の書体、サイズから図表や数式のレイアウトまで多方面において、適切な助言を下さった。

また、今は亡き中学時代の稲葉栄覚先生、高校時代の滝谷慈照先生のご指導・ご支援がなければ、筆者は高等教育を受けることがかなわなかったであろう。

そして、妻慶子は、40年の長きにわたって不平不満を一度もこぼすことなく、一身を挺して家族のために尽くしてくれた。これらのどの一つが欠けても本書の完成は見なかったであろう。ここに皆様に感謝の気持ちと御礼を述べたい。

2019年夏　上高地にて　著者しるす

ギリシャ文字、ドイツ文字一覧

ギリシャ文字

大文字	小文字	英語	発音
A	α	alpha	アルファ
B	β	beta	ベータ
Γ	γ	gamma	ガンマ
Δ	δ	delta	デルタ
E	ε	epsilon	エプシロン
Z	ζ	zeta	ゼータ
H	η	eta	イータ
Θ	θ	theta	シータ
I	ι	iota	イオタ
K	κ	kappa	カッパ
Λ	λ	lambda	ラムダ
M	μ	mu	ミュー

大文字	小文字	英語	発音
N	ν	nu	ニュー
Ξ	ξ	xi	クシィ
O	o	omicron	オミクロン
Π	π	pi	パイ
P	ρ	rho	ロー
Σ	σ, ς	sigma	シグマ
T	τ	tau	タウ
Υ	υ	upsilon	ウプシロン
Φ	ϕ	phi	ファイ
X	χ	chi	カイ
Ψ	ψ	psi	プシー
Ω	ω	omega	オメガ

ドイツ文字

大文字	小文字	アルファベット	発音
$\mathfrak{A}$	$\mathfrak{a}$	a	アー
$\mathfrak{B}$	$\mathfrak{b}$	b	ベー
$\mathfrak{C}$	$\mathfrak{c}$	c	ツェー
$\mathfrak{D}$	$\mathfrak{d}$	d	デー
$\mathfrak{E}$	$\mathfrak{e}$	e	エー
$\mathfrak{F}$	$\mathfrak{f}$	f	エフ
$\mathfrak{G}$	$\mathfrak{g}$	g	ゲー
$\mathfrak{H}$	$\mathfrak{h}$	h	ハー
$\mathfrak{I}$	$\mathfrak{i}$	i	イー
$\mathfrak{J}$	$\mathfrak{j}$	j	ヨット
$\mathfrak{K}$	$\mathfrak{k}$	k	カー
$\mathfrak{L}$	$\mathfrak{l}$	l	エル
$\mathfrak{M}$	$\mathfrak{m}$	m	エム
$\mathfrak{N}$	$\mathfrak{n}$	n	エヌ

大文字	小文字	アルファベット	発音
$\mathfrak{O}$	$\mathfrak{o}$	o	オー
$\mathfrak{P}$	$\mathfrak{p}$	p	ペー
$\mathfrak{Q}$	$\mathfrak{q}$	q	クー
$\mathfrak{R}$	$\mathfrak{r}$	r	エァ
$\mathfrak{S}$	$\mathfrak{s}$	s	エス
$\mathfrak{T}$	$\mathfrak{t}$	t	テー
$\mathfrak{U}$	$\mathfrak{u}$	u	ウー
$\mathfrak{V}$	$\mathfrak{v}$	v	ファウ
$\mathfrak{W}$	$\mathfrak{w}$	w	ヴェー
$\mathfrak{X}$	$\mathfrak{x}$	x	イクス
$\mathfrak{Y}$	$\mathfrak{y}$	y	ユプスィロン
$\mathfrak{Z}$	$\mathfrak{z}$	z	ツェット
−	ß	ß	エスツェット

目次

第2部　集合

第4章　集合の基礎

第5章　集合の演算

第3部　集合上の関係

第6章　関係

第１部　論理

ある概念に関して､正しい事実を出発点として次の正しい事実を導き出す。この過程を論理という。その意味で、数学は論理の積み重ねの体系であると言えよう。近年の社会基盤を支えているコンピュータは、ブール代数という論理で動いており、論理なしには一瞬たりとも動かない。

古代エジプトの時代からギリシャ文明を経て現在に至る約5000年の間に人類は営々として論理を積み重ねて来た。数や図形に関する論理の集積は、やがて燦然と輝く代数学や幾何学となり、天体の運行に関する論理の集積は天文学となり、コペルニクスによる地動説へと繋がっていった。また、ピラミッドの建設に使用された梃子(てこ)、ころ、滑車等に関する技術の集積は、物理学の一大分野である力学を形成する基盤となった。

近代科学の根幹を成している論理とは一体どのようなものなのかを、特に数学の基礎である集合を題材にして、本書では、基本から論理的に学習する。

論理には大別して２つの分野がある。命題の論理を扱う分野を**命題論理**といい、述語の論理を扱う分野を**述語論理**という。ここでいう述語とは､「未完の命題」というのが最も適切であり、国文法でいう「主語・述語」の述語とはまったく意味が異なる。

第1章　命題論理

ある国語辞典によると、命題とは「判断を言語で表したもの」とある。これに従うと、命題とは、何かの概念を述べた文であって、一般的に、「これこれは何々だ」という形をとる。この断定型の文を**宣言文**といい、宣言文が述べている事柄（判断）を**主張**という。

§1.1　命題と真理値

【定義1】　命題
宣言文の主張が正しいか、あるいは正しくないかが客観的に判断できるとき、この主張を**命題**という。

命題は英語のPropositionの頭文字pをとって、通常pから始まるアルファベット　$p, q, r, \cdots\cdots$　で表すことが多い。

定義1は、論理を基礎とする数学では「曖昧（あいまい）で正否を判断できない」主張や「客観的に判断できない」主張は、命題としないことを主張するものである。従って、命題は正しいか正しくないかを必ず判断できるから、次の定義を得る。

【定義2】　命題の真偽
宣言文の主張が正しいとき、
　「命題は**真**（しん）である」、あるいは、「命題は**成り立つ**」といい、
正しくないときは、
　「命題は**偽**（ぎ）である」、あるいは、「命題は**成り立たない**」という。

命題の真偽は主張が正しいか、あるいは、正しくないかで決まるので、命題は真であるか、もしくは、偽であるかの二者択一である。

[**問題**]　次の文は命題か否か。命題の場合には、その真偽を答えよ。

ア）11は素数である。

イ）7は偶数である。

ウ）富士山は高い山である。

エ）富士山は日本で標高が最も高い山である。

オ）これは命題ですか。

カ）方程式 $3x + 1 = -1$ を満たす数が存在する。

キ）xは男である。

(解答) ア）真の命題である。

イ）偽の命題である。

ア）イ）ともに、客観的に判断することができる。

ただし、ア）は正しいが、イ）は正しくない。

ウ）命題でない。

富士山はエベレストに比べると低い山であり、「高い・低い」は相対的である。

エ）真の命題である。

「高い」が「日本で最も高い」と明確に限定されており、客観的な判断が可能である。

オ）命題でない。

疑問文や感嘆文は、主張を述べた宣言文でない。

カ）命題でない。

xが有理数であれば解は存在するが、整数に限れば存在しない。xが曖昧であるので、判断できない。

キ）命題でない。

xが一体何であるかが不明であるので、真偽を判断できない。
これが後述する述語なのである。

数学の分野では、応用が広く特に重要な「真の命題」を**定理**（Theorem）といい、定理を証明するためなど、補助的に用いられる「真の命題」を**補題**（Lemma）といい、定理から直接導き出される「真の命題」を**系**（Corollary）という。

【定義3】 定義

宣言文に用いられる言葉の意味を明確に定めたり、概念を限定したりするものを定義といい、言葉の意味を与えることを「**定義する**」という。

AをBで定義するとき、記号 $:=$ を用いて

$$A := B$$

と書く。

（例）［ 問題 ］のウ)、およびカ）において、次のような定義を与えれば、それぞれ命題となる。

ウ）高い山とは、標高2000 m以上の山をいう。

カ）xを実数とする。

【定義4】 真理値

命題が真のとき、その命題に値1を与え、偽のときには、その命題に値0を与える。この値を**真理値**という。

【定義5】 真理値表

命題と命題の真偽の対応関係を、真理値で示した表のことを**真理値表**という。

【定義6】 論理式

次節に述べる論理記号によって、2つ以上の命題が組み合わされた命題を**論理式**といい、論理式を構成する個々の命題を**要素命題**という。

論理式は、通常複数の命題から構成されるので、**複合命題**ともいう。

§1.2 論理同値（……は……に等しい）：記号≡

論理における同値の記号（≡）は、数式の等号（＝）と同じ意味を持ち、論理式が等しいことを示すものである。これを次のように定義する。

【定義7】 論理同値

論理式PとQに対して、要素命題の採り得る真理値のすべての組合せに対して、Qの真理値がPの真理値に完全に一致するとき、お互いの真理値が同じであるという意味において、QはPに論理同値、略して**同値**であるという。

このことを、同値記号≡を用いて

$$Q \equiv P$$

で表す。これを「QはPに等しい」、または英語で「Q equals P」と読む。

§1.3 論理記号

論理記号とは、文と文をつなぐ役割を果たす接続詞のようなもので、命題と命題を連結して、新たな命題を作り出す。基本的な論理記号には、次の4種類がある。

【定義8】 論理記号
命題と命題とを結びつけ、新しい命題を作る機能を持つものを**論理記号**という。命題に作用して別の新たな命題を作るという意味において、**論理演算子**、あるいは、**論理作用素**ともいう。

基本的な4つの論理記号の概要を次の表に記載する。

名称	記号	機能	日本語の読み	英語
否定	$\neg$	否定する	……でない	not
論理和	$\vee$	並列させる	……または……	or
論理積	$\wedge$	連立させる	……かつ……	and
含意	$\rightarrow$（$\Rightarrow$）	条件の付与	……ならば……	if then

含意に用いられる記号には$\rightarrow$と$\Rightarrow$の2種類があり、同じ「ならば」の意味を表すが、本書では、異なった内容を持つものとして使い分けて、別々の名を付ける。
「$\Rightarrow$」の名称を「**演繹**（えんえき）」と呼び、「$\rightarrow$」の名称を「条件付き命題」と呼ぶものとする。

以下、順を追って、論理記号が表す内容を正確に定義する。

1）否定（……でない）：記号¬

【定義9】 否定

命題pに対して、「pでない」という命題をpの**否定命題**といい、論理記号¬を用いて

$$\neg p$$

で表す。これを「pでない」または、英語で「not p」と読む。

「pでない」という否定命題は、pが真のときはその否定である$\neg p$は偽であり、pが偽のときはその否定である$\neg p$は真である、ということを意味している。

この言葉の意味に従って、命題pとその否定命題$\neg p$との真偽の対応関係は、真理値を用いて次のように表すことができる。この表が定義5にいう真理値表である。

p	$\neg p$
1	0
0	1

1行目の意味：命題pが真のとき、命題$\neg p$は偽である。

2行目の意味：命題pが偽のとき、命題$\neg p$は真である。

従って、否定（¬）に関する演算規則を真理値で表すと

$$\left.\begin{array}{ll} \text{1行目：} & \neg 1 = 0 \\ \text{2行目：} & \neg 0 = 1 \end{array}\right\} \qquad \cdots\cdots\cdots\cdots\cdots\cdots \text{（I）}$$

2）論理和（……または……）：記号∨

【定義10】 論理和

2つの命題pとqについて、「pであるか、またはqである」という複合命題をpとqの**論理和**（または**選言**）といい、論理記号∨を用いて

$$p \vee q$$

で表す。これを「pまたはq」あるいは、英語で「p or q」と読む。

「または」という言葉は、少なくともpかqのどちらか一方が成り立てばよい（論理では、両者が成り立つことも含む）ことを意味する。

pとqの真理値の組合せに対する場合の数は、2つの真理値をとる命題が2つあるから、組合せの数は$2 \times 2 = 2^2 = 4$で、4通りである。
言葉の意味に従って、$p \vee q$の真理値表は次のようになる。

p	q	$p \vee q$
1	1	1
1	0	1
0	1	1
0	0	0

1行目の意味：pとqがともに真の時、論理和$p \vee q$は真となる。
2行目の意味：pが真でqが偽の時、論理和$p \vee q$は真となる。
3行目の意味：pが偽でqが真の時、論理和$p \vee q$は真となる。
4行目の意味：pとqがともに偽の時、論理和$p \vee q$は偽となる。

従って、論理和$\vee$に関する演算規則を真理値で表すと

$$\left.\begin{array}{l} 1\text{行目}:1\vee 1=1 \\ 2\text{行目}:1\vee 0=1 \\ 3\text{行目}:0\vee 1=1 \\ 4\text{行目}:0\vee 0=0 \end{array}\right\} \vee\text{を}+\text{で表すと} \left\{\begin{array}{l} 1+1=1 \\ 1+0=1 \\ 0+1=1 \\ 0+0=0 \end{array}\right. \quad \cdots\cdots (\text{II})$$

数の足し算（+）の規則と比べると、1行目が異なるだけで、他は同じである。それ故、「論理和」と呼ばれるのである。

3）論理積（……かつ……）：記号∧

【定義11】　論理積

2つの命題pとqに対して、「pであって、しかもqである」という複合命題をpとqの**論理積**（または**連言**）といい、論理記号∧を用いて

$$p\wedge q$$

と表す。これを「pかつq」あるいは、英語で「p and q」と読む。

「かつ」という言葉は、pとqの両方が同時に成り立つことを意味する。言葉の意味に従って、$p\wedge q$の真理値表は次のようになる。

p	q	$p\wedge q$
1	1	1
1	0	0
0	1	0
0	0	0

1行目の意味：pとqがともに真の時、論理積$p\wedge q$は真となる。

2行目の意味：pが真でqが偽の時、論理積$p\wedge q$は偽となる。

3行目の意味：pが偽でqが真の時、論理積$p\wedge q$は偽となる。

4行目の意味：pとqがともに偽の時、論理積$p \wedge q$は偽となる。

従って、論理積$\wedge$に関する演算規則を真理値で表すと

$$\left.\begin{array}{l} 1\text{行目}：1 \wedge 1 = 1 \\ 2\text{行目}：1 \wedge 0 = 0 \\ 3\text{行目}：0 \wedge 1 = 0 \\ 4\text{行目}：0 \wedge 0 = 0 \end{array}\right\} \wedge\text{を}\times\text{で表すと} \left\{\begin{array}{l} 1 \times 1 = 1 \\ 1 \times 0 = 0 \\ 0 \times 1 = 0 \\ 0 \times 0 = 0 \end{array}\right. \quad \cdots\cdots（\text{Ⅲ}）$$

これは、数の掛け算（×）の規則とまったく同じなので、「論理積」と呼ばれる。

（参考）真理値に関する演算規則、（Ⅰ）～（Ⅲ）を満たす論理の体系は、**ブール代数**といわれ、コンピュータの回路の基本的な演算規則として使用されている。

§1.4　命題論理において成り立つ法則

前節の定義9～定義11によって、任意の命題に関して、次の諸法則（定理1～定理6）が成り立つ。これらは論理の演算において、基礎となるものであって、常に使えるようにしておきたい。

【定理1】 二重否定

$$\neg(\neg p) \equiv p$$

すなわち、命題を二重否定した命題は、もとの命題と同値である。

p	$\neg p$	$\neg(\neg p)$
1	0	1
0	1	0

上の真理値表から、pが真であれ偽であれ、どちらであっても、$\neg(\neg p)$の真理値は常にpの真理値と一致している。

従って、定義7によって、同値である。

【定理2】 巾等律（べきとう）

1）論理和：$p \vee p \equiv p$

2）論理積：$p \wedge p \equiv p$

同一命題の繰り返しは、その命題と同値である。

p	p	$p \vee p$	$p \wedge p$
1	1	1	1
0	0	0	0

上の真理値表から、左辺と右辺が同値であることは明らかである。

【定理3】 交換律

1）論理和：$p \vee q \equiv q \vee p$

2）論理積：$p \wedge q \equiv q \wedge p$

論理和と論理積において、左右の命題を交換しても、真理値は変わらない。すなわち、同値である。

p	q	$p \vee q$	$q \vee p$	$p \wedge q$	$q \wedge p$
1	1	1	1	1	1
1	0	1	1	0	0
0	1	1	1	0	0
0	0	0	0	0	0

上の真理値表から、p, qのどんな真理値の組合せに対しても（真理値のすべての組合せについて)、左辺と右辺の真理値が一致している。従って、左辺と右辺は同値。

このことは、論理和と論理積において、論理記号の左右にある要素命題を交換しても、その真理値は不変であることを示している。
この性質を、一般的に「**交換可能**」、略して「**可換**」という。

数の計算において、2 + 3 = 3 + 2、2 × 3 = 3 × 2 が成り立つのと同じである。

【定理 4】 結合律

1）論理和：$p \lor (q \lor r) \equiv (p \lor q) \lor r$

2）論理積：$p \land (q \land r) \equiv (p \land q) \land r$

2つの真理値を取る要素命題が3つあるから、真理値の組合せの場合の数は、$2 \times 2 \times 2 = 2^3 = 8$ である。

式 1）論理和の真理値表は次のようになる。

p	q	r	$q \vee r$	左辺	$p \vee q$	右辺
1	1	1	1	1	1	1
1	1	0	1	1	1	1
1	0	1	1	1	1	1
1	0	0	0	1	1	1
0	1	1	1	1	1	1
0	1	0	1	1	1	1
0	0	1	1	1	0	1
0	0	0	0	0	0	0

式 2）論理積の真理値表は次のようになる。

p	q	r	$q \wedge r$	左辺	$p \wedge q$	右辺
1	1	1	1	1	1	1
1	1	0	0	0	1	0
1	0	1	0	0	0	0
1	0	0	0	0	0	0
0	1	1	1	0	0	0
0	1	0	0	0	0	0
0	0	1	0	0	0	0
0	0	0	0	0	0	0

上記の真理値表から、p, q, rのどんな真理値の組合せにおいても、式 1）と式 2）の左辺と右辺の真理値が一致している。従って、左辺と右辺は同値。結果的に同値であるので、括弧を取り除いて、

$$p \lor (q \lor r) \equiv (p \lor q) \lor r \equiv p \lor q \lor r$$

$$p \land (q \land r) \equiv (p \land q) \land r \equiv p \land q \land r$$

と書くこともある。

数の計算において、2 + （3 + 4） = （2 + 3） + 4

2 × （3 × 4） = （2 × 3） × 4

が成り立つのと同じである。

【定理5】 分配律

1） $p \lor (q \land r) \equiv (p \lor q) \land (p \lor r)$

2） $p \land (q \lor r) \equiv (p \land q) \lor (p \land r)$

この場合も真理値の組合せの場合の数は、8通りである。

式1）の真理値表は次のようになる。

p	q	r	$q \land r$	左辺	$p \lor q$	$p \lor r$	右辺
1	1	1	1	1	1	1	1
1	1	0	0	1	1	1	1
1	0	1	0	1	1	1	1
1	0	0	0	1	1	1	1
0	1	1	1	1	1	1	1
0	1	0	0	0	1	0	0
0	0	1	0	0	0	1	0
0	0	0	0	0	0	0	0

式2）の真理値表は次のようになる。

p	q	r	$q \vee r$	左辺	$p \wedge q$	$p \wedge r$	右辺
1	1	1	1	1	1	1	1
1	1	0	1	1	1	0	1
1	0	1	1	1	0	1	1
1	0	0	0	0	0	0	0
0	1	1	1	0	0	0	0
0	1	0	1	0	0	0	0
0	0	1	1	0	0	0	0
0	0	0	0	0	0	0	0

上記の真理値表から、p, q, r のどんな真理値の組合せにおいても、左辺と右辺の真理値が一致している。従って、左辺と右辺は同値。

【定理6】 吸収律

1）$p \vee (p \wedge q) \equiv p$

2）$p \wedge (p \vee q) \equiv p$

この場合の真理値の組合せは、命題が2つなので4通りである。

p	q	$p \wedge q$	$p \vee (p \wedge q)$	$p \vee q$	$p \wedge (p \wedge q)$
1	1	1	1	1	1
1	0	0	1	1	1
0	1	0	0	1	0
0	0	0	0	0	0

証明は真理値表により明らかである。

分配律と巾等律を用いて、式1）と式2）は、互いに他から導出できることを論理演算によって示す。

式1）の左辺 $= p \vee (p \wedge q)$

$\equiv (p \vee p) \wedge (p \vee q)$　　（∵定理5−1）

$\equiv p \wedge (p \vee q)$　　（∵定理2−1）

≡式2）の左辺

（注）記号∵は、「なぜならば」を意味する数学記号である。

§1.5　ド・モルガンの法則

論理和と論理積の否定に関して、次の重要な法則が成り立つ。この法則は、ド・モルガンの法則と呼ばれ、非常に応用範囲の広いものである。

【定理7】　ド・モルガンの法則（de Morgan's law）

任意の命題 p、q に対して、次の関係が成り立つ。

1）論理和の否定：$\neg(p \vee q) \equiv (\neg p) \wedge (\neg q)$

2）論理積の否定：$\neg(p \wedge q) \equiv (\neg p) \vee (\neg q)$

つまり、∨や∧は、否定を受けると、∨→∧、∧→∨　に変わる。

式1）の真理値表は以下のようになる。

p	q	$p \vee q$	左辺	$\neg p$	$\neg q$	右辺
1	1	1	0	0	0	0
1	0	1	0	0	1	0
0	1	1	0	1	0	0
0	0	0	1	1	1	1

式2）の真理値表は以下のようになる。

p	q	$p \wedge q$	左辺	$\neg p$	$\neg q$	右辺
1	1	1	0	0	0	0
1	0	0	1	0	1	1
0	1	0	1	1	0	1
0	0	0	1	1	1	1

p, qの真理値のどんな組合せに対しても、左辺と右辺の真理値が一致するので、同値である。

別の方法として、論理積の否定の式から論理和の否定の式を論理の演算によって、導出できることを示す。式を見やすくするために、

$$P := \neg p、Q := \neg q$$

と置く。

定理1の二重否定の法則によって、

$$p \equiv \neg P、q \equiv \neg Q$$

が成り立っている。

$$\begin{aligned} \neg(p \wedge q) &\equiv \neg[(\neg P) \wedge (\neg Q)] \\ &\equiv \neg[\neg(P \vee Q)] && (\because 定理7-1) \\ &\equiv P \vee Q && (\because 定理1) \\ &\equiv (\neg p) \vee (\neg q) \end{aligned}$$

【定義12】 同値変形

ある論理式を同値な他の論理式に置き換えることを**同値変形**という。

吸収律やド・モルガンの法則の証明において、二重否定、巾等律、交換律、結合律などを用いて、一方の式から他方の式を導き出す際に行ったことがその例である。

【定義13】 双対性(そうつい)

巾等律、交換律、分配律、吸収律、ド・モルガンの法則において、論理和∨に関して成り立つ公式はすべて論理積∧に対しても成り立つ。すなわち、論理記号を∨から∧に入れかえても成り立つ。

このような性質のことを**双対性**といい、

∨と∧はたがいに**双対性を成す**という。

§1.6 恒真命題と恒偽命題

今までは、命題の真理値は0か1のどちらか一方を自由に採るという前提に立って、真理値表を用いて論理式の証明を行ってきた。しかし、命題が組み合わされた論理式の真理値は、特に命題と命題の間に何らかの関係が存在する場合には、自由な真理値を採り得ず、常に1だけ、あるいは0だけを採るというような極端な場合が起り得る。

このような場合に備えて、片一方だけの真理値しか持ちえない命題として、真理値が1だけである場合と、0だけである場合に対して、次の2つの定義を設ける。

【定義14】 恒真命題

恒等的に真である命題を**恒真命題**といい、記号I(アイ)で表す。

すなわち、恒真命題の真理値は常に1である。

【定義15】 恒偽命題

恒等的に偽である命題を**恒偽命題**といい、記号O（オー）で表す。

すなわち、恒真命題の真理値は常に0である。

記号IとOは、真理値の1と0に形がよく似ているアルファベットを用いている。

【定理8】 恒真命題と恒偽命題の否定

1）恒真命題の否定：　$\neg \mathrm{I} \equiv \mathrm{O}$

2）恒偽命題の否定：　$\neg \mathrm{O} \equiv \mathrm{I}$

証明は定義14と定義15より明らかである。下に真理値表を記載しておく。

I	¬I	O	¬O
1	0	0	1

【定理9】 排中律と矛盾律

任意の命題pに対して、次の関係が成り立つ。

1）排中律：$p \vee (\neg p) \equiv \mathrm{I}$

2）矛盾律：$p \wedge (\neg p) \equiv \mathrm{O}$

排中律とは、「肯定と否定は、どちらかが正しい」ということである。

矛盾律とは、「肯定と否定は両立せず」ということである。

p	$\neg p$	$p \vee (\neg p)$	$p \wedge (\neg p)$
1	0	1	0
0	1	1	0

上記の真理値表から、各式で同値が成立することは明らかである。

【定理10】 恒真命題と恒偽命題の性質

任意の命題pに対して、次の関係が成り立つ。

	恒真命題	恒偽命題
1）論理和：	$p \vee \mathrm{I} \equiv \mathrm{I}$	$p \vee \mathrm{O} \equiv p$
2）論理積：	$p \wedge \mathrm{I} \equiv p$	$p \wedge \mathrm{O} \equiv \mathrm{O}$

p	I	O	$p \vee \mathrm{I}$	$p \wedge \mathrm{I}$	$p \vee \mathrm{O}$	$p \wedge \mathrm{O}$
1	1	0	1	1	1	0
0	1	0	1	0	0	0

上記の真理値表から、各式で同値が成立することは明らかである。

これらの定理8～10は、同値変形する際によく利用されるから、理解しておきたい。

§1.7 含意（がんい）（……ならば……）：記号 → （⇒）

これまでに出てきた3つの論理記号¬，∨，∧については、論理で使用する意味は、日常的に使用している言葉の意味と一致していた。しかしながら、「ならば」の論理記号「→」については、論理における意味は日常の言葉の持つ意味と異なるので、注意を要する。

「pならばq」というのは、論理の世界では「**含意**」といわれる。

含意とは「pはqを暗に示唆する」という意味である。これは「pが成立することを条件として、qが成り立つ」ことを意味するので、理解しやすい名称として「条件付き命題」とする。

「pならばqである」を別の言葉で言い換えると、「pであってqでないというようなことは決してない」であるから、「ならば」を論理の言葉を用いて次のように定義する。

【定義16】 条件付き命題：記号→

2つの命題pとqに対して、

$$\neg[p \wedge (\neg q)]$$

である複合命題を、pとqの**条件付き命題**といい、

論理記号→を用いて

$$p \to q$$

と表す。すなわち、「ならば」を次の論理式

$$p \to q := \neg[p \wedge (\neg q)]$$

で定義するのである。

これを「pならばq」、または「if p then q」と読む。

この定義によって、真理値表は以下のようになる。

p	q	$\neg q$	$p \wedge (\neg q)$	$p \to q$
1	1	0	0	1
1	0	1	1	0
0	1	0	0	1
0	0	1	0	1

1行目の意味：pとqがともに真のときは、$p \to q$は真となる。
2行目の意味：pが真でqが偽のときは、$p \to q$は偽となる。
3行目の意味：pが偽でqが真のときは、$p \to q$は真となる。
4行目の意味：pとqがともに偽のときは、$p \to q$は真となる。
注意すべきことは、命題pが偽のときは、qの真偽にかかわらず$p \to q$が必ず成り立つこと（すなわち、真である）である。（3行目と4行目）

条件付き命題の定義16は、上表2行目の真理値の組合せ、すなわち、$(p, q) = (1, 0)$の場合を否定するものである。従って、2行目以外の真理値の組合せに対しては、必然的にその結果はすべて真となってしまう。それ故に、特に3行目の場合が、日常の言葉の意味と異なってくるのである。

＜具体例＞ 「雨が降れば、運動会を中止する」という命題を例にとって説明する。
この命題は、「雨が降る」という命題pと「運動会を行わない」という命題qが、「ならば」で結ばれた論理式$p \to q$である。

定義16によって、この論理式は、「雨が降っていて（p）、しかも（$\wedge$）運動会を行う（$\neg q$）というようなことはない（$\neg$）」と同じことだといっているのである。これが、「ならば」の言い換えであることは十分に納得がいくところであろう。

真理値表の1行目は、「雨が降っていて（p）、運動会を行わない（q）」のは正しいこと（真）であると言っている。これは命題そのものであって、妥当である。

真理値表の2行目は、「雨が降っていて（p）、しかも（∧）運動会をする（¬q）」のは誤りだ（偽である）、と言っている。これも妥当である。

日常用語では、この論理式は「晴天（¬p）のときには、運動会を行う（¬q）」ことを言外に含んでいる。これが真理値表の4行目に相当しており、これも妥当である。

問題なのは3行目である。これを論理の言葉でいうと、「晴天であって（¬p）、運動会をしない（q）」のは正しい、である。これは、日常の話の筋としてはおかしい。しかしながら、命題は、晴天の時にはどうするかについて何も言及していないのであるから、運動会をしてもしなくても、どちらでもよいのだと考えれば納得がいくであろう。

一般的に、「pならばq」の前半に配置されている命題pを**仮定**または**条件**といい、後半に配置されている命題qを**結論**という。
これが「条件付き命題」という名称を付けたゆえんである。

また、「ならば」という言葉は因果関係を示す場合もあり、このときは命題pを**原因**といい、命題qを**結果**ともいう。しかし、数学では因果関係を扱わない。

次の定理は、論理式$p \rightarrow q$という条件付き命題を論理同値で証明する際によく用いられる有用な定理である。

【定理11】「ならば」の同値変形

「ならば」の定義式はド・モルガンの法則によって、

$$p \to q := \neg[p \wedge (\neg q)] \equiv (\neg p) \vee q$$

と同値変形できる。

(証明) $p \to q \equiv \neg[p \wedge (\neg q)]$ (∵定義16)

$\equiv (\neg p) \vee [\neg(\neg q)]$ (∵定理7のド・モルガンの法則)

$\equiv (\neg p) \vee q$ (∵定理1の二重否定の法則)

この定理は、命題pが偽のときは、qの真偽にかかわらず無条件に$p \to q$が真となることが一見して分かるという特徴を持っている。

従って、<具体例>の命題は、

「晴天である($\neg p$)か、あるいは運動会をしない(q)かのいずれか一方が成り立っている($\vee$)ときに正しい」

と同値である。

【定義17】対偶(たいぐう)・逆・裏

2つの命題pとqの条件付き命題$p \to q$について、

$q \to p$ を **逆**

$\neg q \to \neg p$ を **対偶**

$\neg p \to \neg q$ を **裏**

という。

この関係を図示すると、次のようになる。

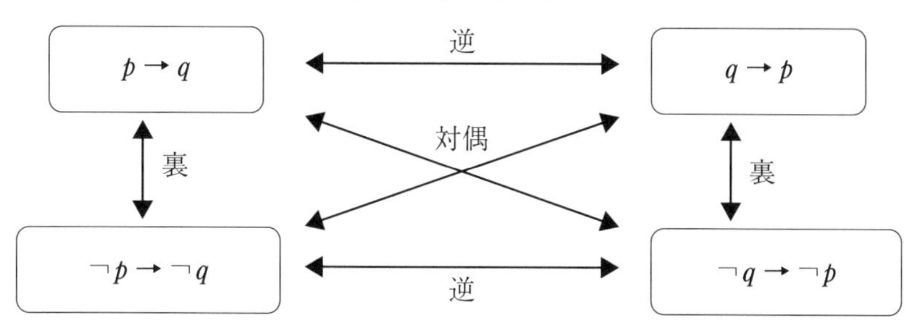

【定理12】 対偶の性質

対偶はもとの命題と同値である

$$(\neg q)\to(\neg p)\equiv p\to q$$

（証明） 同値であることを同値変形で示す

$$
\begin{aligned}
(\neg q)\to(\neg p) &\equiv (\neg(\neg q))\vee(\neg p) && (\because \text{定理}11)\\
&\equiv q\vee(\neg p) && (\because \text{定理}1)\\
&\equiv (\neg p)\vee q && (\because \text{定理}3\text{-}1)\\
&\equiv p\to q && (\because \text{定理}11)
\end{aligned}
$$

この対偶の性質は、直接$p\to q$を証明するのが困難な場合に、よく使用される。

【定義18】 演繹（えんえき）：記号⇒

2つの命題pとqの条件付き命題$p \to q$が恒真命題であるとき、

すなわち

$$p \to q \equiv \mathrm{I}$$

であるとき、この命題を特にpからqの**演繹**といい、

論理記号⇒を用いて

$$p \Rightarrow q$$

と表す。これも「pならばq」であるが、

「pからqが**演繹される**」

と読む。

注）：論理記号⇒は、「ならば」が常に成り立つ（恒等的に真という）ときに用い、論理記号→は、「ならば」が成り立つかどうかを議論するときに使う。

【定理13】 恒真命題と恒偽命題の演繹

任意の命題pに対して、次の演繹が成り立つ。

1）$p \Rightarrow \mathrm{I}$

2）$\mathrm{O} \Rightarrow p$

（証明1） $p \to \mathrm{I} \equiv (\neg p) \vee \mathrm{I}$ （∵定理11）

$\equiv \mathrm{I}$ （∵定理10－1）

（証明2） $\mathrm{O} \to p \equiv (\neg \mathrm{O}) \vee p$ （∵定理11）

$\equiv \mathrm{I} \vee p$ （∵定理8－2）

$\equiv \mathrm{I}$ （∵定理10－1）

【定理14】　各種の演繹 1

任意の命題pに対して、次の演繹が成り立つ。

1）$p \Rightarrow (p \vee q)$、 $q \Rightarrow (p \vee q)$

2）$(p \wedge q) \Rightarrow p$、 $(p \wedge q) \Rightarrow q$

3）$p \wedge (p \to q) \Rightarrow q$

（証明 1） $p \to (p \vee q) \equiv (\neg p) \vee (p \vee q)$　（∵定理11）

$\equiv (\neg p \vee p) \vee q$　（∵定理 4−1）

$\equiv \mathrm{I} \vee q$　（∵定理 9−1）

$\equiv \mathrm{I}$　（∵定理10−1）

右の公式も、同様。

（証明 2） $\{(p \wedge q) \to p\} \equiv (\neg (p \wedge q)) \vee p$　（∵定理11）

$\equiv \{(\neg p) \vee (\neg q)\} \vee p$　（∵定理 7−2）

$\equiv (\neg p \vee p) \vee (\neg q)$　（∵定理 3−1）

$\equiv \mathrm{I} \vee (\neg q)$　（∵定理 9−1）

$\equiv \mathrm{I}$　（∵定理10−1）

右の公式も、同様。

（証明 3） $p \wedge (p \to q) \to q$

$\equiv \neg [p \wedge (p \to q)] \vee q$　（∵定理11）

$\equiv (\neg p) \vee [\neg (p \to q)] \vee q$　（∵定理 7−2）

$\equiv [(\neg p) \vee q] \vee [\neg (p \to q)]$　（∵定理 3−1）

$\equiv (p \to q) \vee [\neg (p \to q)]$　（∵定理11）

$\equiv \mathrm{I}$　（∵定理 9−1）

【定理15】 各種の演繹2

任意の命題p, q, rに対して、

$$p \Rightarrow q$$

が成り立つならば、次の演繹が成り立つ。

1）$(\neg q) \Rightarrow (\neg p)$

2）$p \vee r \Rightarrow q \vee r$

3）$p \wedge r \Rightarrow q \wedge r$

4）$q \to r \Rightarrow p \to r$

5）$r \to p \Rightarrow r \to q$

(証明1)「対偶は真なり」の証明である。

前提条件より、$p \to q \equiv \mathrm{I}$が成り立つ。

しかるに、定理12から $(\neg q) \to (\neg p) \equiv p \to q$

(証明2) $(p \vee r) \to (q \vee r) \equiv [\neg(p \vee r)] \vee (q \vee r)$ （∵定理11）

$\equiv (\neg p \wedge \neg r) \vee (q \vee r)$ （∵定理7-2）

$\equiv (\neg p \wedge \neg r) \vee (r \vee q)$ （∵定理3-1）

$\equiv [(\neg p \wedge \neg r) \vee r] \vee q$ （∵定理4-1）

$\equiv [(\neg p \vee r) \wedge (\neg r \vee r)] \vee q$ （∵定理5-1）

$\equiv [(\neg p \vee r) \wedge \mathrm{I}] \vee q$ （∵定理9-1）

$\equiv (\neg p \vee r) \vee q$ （∵定理10-2）

$\equiv (\neg p \vee q) \vee r$ （∵定理3-1と4-1）

$\equiv (p \to q) \vee r$ （∵定理11）

$\equiv \mathrm{I} \vee r$ （∵前提条件）

$\equiv \mathrm{I}$ （∵定理10-1）

（証明 3） $(p \wedge r) \rightarrow (q \wedge r)$

$\equiv [\neg(p \wedge r)] \vee (q \wedge r)$　（∵定理11）

$\equiv (\neg p \vee \neg r) \vee (q \wedge r)$　（∵定理 7−2）

$\equiv (\neg p) \vee [(\neg r) \vee (q \wedge r)]$　（∵定理 4−1）

$\equiv \neg p \vee [(\neg r \vee q) \wedge (\neg r \vee r)]$　（∵定理 5−1）

$\equiv \neg p \vee [(\neg r \vee q) \wedge \mathrm{I}]$　（∵定理 9−1）

$\equiv \neg p \vee [(\neg r \vee q)]$　（∵定理10−2）

$\equiv (\neg p \vee q) \vee (\neg r)$　（∵定理 3−1 と 4−1）

$\equiv (p \rightarrow q) \vee (\neg r)$　（∵定理11）

$\equiv \mathrm{I} \vee (\neg r)$　（∵前提条件）

$\equiv \mathrm{I}$　（∵定理10−1）

（証明 4） $(q \rightarrow r) \rightarrow (p \rightarrow r)$

$\equiv \neg(q \rightarrow r) \vee (p \rightarrow r)$　（∵定理11）

$\equiv [\neg(\neg q \vee r)] \vee (\neg p \vee r)$　（∵定理11）

$\equiv (q \wedge \neg r) \vee (\neg p) \vee r$　（∵定理 7−1）

$\equiv [(q \wedge \neg r) \vee r] \vee (\neg p)$　（∵定理 3−1 と 4−1）

$\equiv [(q \vee r) \wedge (\neg r \vee r)] \vee (\neg p)$　（∵定理 5−1）

$\equiv [(q \vee r) \wedge \mathrm{I}] \vee (\neg p)$　（∵定理 9−1）

$\equiv [(q \vee r)] \vee (\neg p)$　（∵定理10−2）

$\equiv [(\neg p) \vee q)] \vee r$　（∵定理 3−1 と 4−1）

$\equiv (p \rightarrow q) \vee r$　（∵定理11）

$\equiv \mathrm{I} \vee r$　（∵前提条件）

$\equiv \mathrm{I}$　（∵定理10−1）

(証明5) $(r \to p) \to (r \to q) \equiv \neg(r \to p) \vee (r \to q)$ (∵定理11)

$\equiv [\neg(\neg r \vee p)] \vee (\neg r \vee q)$ (∵定理11)

$\equiv [(r \wedge \neg p)] \vee (\neg r \vee q)$ (∵定理7-1)

$\equiv [(r \wedge \neg p) \vee (\neg r)] \vee q$ (∵定理3-1と4-1)

$\equiv [(r \vee \neg r) \wedge (\neg p \vee \neg r)] \vee q$ (∵定理5-1)

$\equiv [\mathrm{I} \wedge (\neg p \vee \neg r)] \vee q$ (∵定理9-1)

$\equiv [\neg p \vee \neg r] \vee q$ (∵定理10-2)

$\equiv (\neg p \vee q) \vee (\neg r)$ (∵定理3-1と4-1)

$\equiv [p \to q] \vee (\neg r)$ (∵定理11)

$\equiv \mathrm{I} \vee (\neg r)$ (∵前提条件)

$\equiv \mathrm{I}$ (∵定理10-1)

【定理16】 三段論法:含意の推移律

任意の命題p, q, rに対して、

$p \to q$ かつ $q \to r$ ならば $p \to r$

が演繹される。すなわち、

$$(p \to q) \wedge (q \to r) \Rightarrow (p \to r)$$

(証明) $A := (p \to q) \wedge (q \to r)$ とおくと、示すべきは、

$A \Rightarrow (p \to r)$ である。

$A \to (p \to r) \equiv \neg A \vee (p \to r) \equiv \neg A \vee (\neg p \vee r)$

しかるに、ド・モルガンの法則によって、

$\neg A \equiv [\neg(p \to q)] \vee [\neg(q \to r)]$

$\therefore \neg A \equiv [\neg(\neg p \vee q)] \vee [\neg(\neg q \vee r)]$

$\equiv [(p \wedge \neg q)] \vee [(q \wedge \neg r)]$

$\therefore A \to (p \to r)$

$\equiv [(p \wedge \neg q)] \vee [(q \wedge \neg r)] \vee (\neg p \vee r)$

$\equiv \{[(p \wedge \neg q)] \vee (\neg p)\} \vee \{[(q \wedge \neg r)] \vee r\}$　（∵交換律と結合律）

$\equiv [(p \vee \neg p) \wedge (\neg q \vee \neg p)] \vee [(q \vee r) \wedge (\neg r \vee r)]$　（∵分配律）

$\equiv [\mathrm{I} \wedge (\neg q \vee \neg p)] \vee [(q \vee r) \wedge \mathrm{I}]$　（∵排中律）

$\equiv [(\neg q \vee \neg p)] \vee [(q \vee r)]$　（∵定理10−2）

$\equiv (\neg p) \vee [(\neg q) \vee q] \vee r$　（∵交換律と結合律）

$\equiv (\neg p) \vee \mathrm{I} \vee r$　（∵排中律）

$\equiv (\neg p \vee r) \vee \mathrm{I}$　（∵交換律と結合律）

$\equiv \mathrm{I}$　（∵定理10−1）

$$\therefore A \Rightarrow (p \rightarrow r)$$

注）記号「∴」は「ゆえに」あるいは「従って」という意味の数学でよく用いる記号である。

【定理16の系】　演繹の推移律

任意の命題p，q，rに対して、

$$p \Rightarrow q \quad \text{かつ} \quad q \Rightarrow r \quad \text{ならば} \quad p \Rightarrow r$$

すなわち、$(p \Rightarrow q) \wedge (q \Rightarrow r) \Rightarrow (p \Rightarrow r)$

（証明） 前提条件より、$p \rightarrow q \equiv \mathrm{I}$、$q \rightarrow r \equiv \mathrm{I}$　が成り立つ。

$\therefore \mathrm{I} \equiv (p \rightarrow q) \wedge (q \rightarrow r)$

$\equiv (\neg p \vee q) \wedge (q \rightarrow r)$　（∵定理11）

$\equiv [(\neg p \wedge (q \rightarrow r)] \vee [(q \wedge (q \rightarrow r)]$　（∵分配律）

$\equiv [(\neg p \wedge (q \rightarrow r)] \vee [r]$　（∵定理14−3）

$\equiv [\neg p \vee r] \wedge [(q \rightarrow r) \vee r]$　（∵分配律）

$= (p \rightarrow r) \wedge [(\neg q \vee r) \vee r]$　（∵定理11）

$\equiv (p \rightarrow r) \wedge [\neg q \vee r]$　（∵巾等律）

$\equiv (p \rightarrow r) \wedge (q \rightarrow r)$

$\equiv (p \rightarrow r) \wedge \mathrm{I}$

$$\equiv (p \to r)$$

$$\therefore p \Rightarrow r$$

【定理17】 その他の推論

任意の命題p, q, rに対して、

1）$p \to r$かつ$q \to r$　ならば　$(p \vee q) \to r$

2）$p \to q$かつ$p \to r$　ならば　$p \to (q \wedge r)$

がそれぞれ演繹される。

（証明1） $\mathrm{a} := p \to r$、$\mathrm{b} := q \to r$、$A := \mathrm{a} \wedge \mathrm{b}$、$B := (p \vee q) \to r$とおくと、示すべきは、$A \Rightarrow B$である。

ド・モルガンの法則により、

$$B \equiv \neg (p \vee q) \vee r \equiv [(\neg p) \wedge (\neg q)] \vee r$$

$$\equiv [(\neg p) \vee r] \wedge [(\neg q) \vee r]$$

$$\equiv (p \to r) \vee (q \to r) \equiv \mathrm{a} \vee \mathrm{b}$$

一方、$\neg A \equiv (\neg \mathrm{a}) \vee (\neg \mathrm{b})$ であるから

$$A \to B \equiv \neg A \vee B$$

$$\equiv [(\neg \mathrm{a}) \vee (\neg \mathrm{b})] \vee [\mathrm{a} \vee \mathrm{b}]$$

$$\equiv [(\neg \mathrm{a}) \vee \mathrm{a}] \vee [(\neg \mathrm{b}) \vee \mathrm{b}]$$

$$\equiv \mathrm{I} \vee \mathrm{I}$$

$$\equiv \mathrm{I}$$

$$\therefore A \Rightarrow B$$

（証明2） $\mathrm{a} := p \to q$、$\mathrm{b} := p \to r$、$A := \mathrm{a} \wedge \mathrm{b}$、$B := p \to (q \wedge r)$とおくと、示すべきは、$A \Rightarrow B$である。

$$B \equiv \neg p \vee (q \wedge r)$$

$$\equiv [(\neg p \vee q)] \wedge [(\neg p \vee r)]$$

$$\equiv (p \to q) \wedge (p \to r)$$

$\equiv a \wedge b$

一方、$\neg A \equiv (\neg a) \vee (\neg b)$ であるから

$$
\begin{aligned}
A \to B &\equiv \neg A \vee B \\
&\equiv [(\neg a) \vee (\neg b)] \vee (a \wedge b) \\
&\equiv [(\neg a \vee \neg b) \vee a] \wedge [(\neg a \vee \neg b) \vee b] \\
&\equiv [(\neg a \vee a) \vee \neg b] \wedge [\neg a \vee (\neg b \vee b)] \\
&\equiv [I \vee \neg b] \wedge [\neg a \vee I)] \\
&\equiv I \wedge I \equiv I
\end{aligned}
$$

$$\therefore A \Rightarrow B$$

§1.8　演繹と同値

演繹という言葉は、前提条件である命題から論理的に必然の結果となる命題を導き出すことを指す言葉である。古風な言葉であるが、数学にとっては打ってつけの言葉と言える。

数学の定理は、ほとんどすべて、「……ならば……である」という形をしている。演繹はこの構造を反映した論理的な内容を示すものである。

【定義19】　必要条件と十分条件

任意の命題 p と q の条件付き命題 $p \to q$ が恒真命題であるとき、

すなわち p から q の演繹

$$p \Rightarrow q \ (p \to q \equiv I)$$

が成り立つとき、

命題 q は、p（が成り立つため）の**必要条件**である

命題 p は、q（が成り立つため）の**十分条件**である

という。

注1）演繹の矢印（⇒）の先にある命題が必要条件、と覚えるとよい。

注2）$p \Rightarrow q$を証明する場合を、必要性の証明といい、$p \Leftarrow q$を証明する場合を、十分性の証明という。

注3）演繹の矢印が双方向に向いている場合、すなわち、⇒かつ ⇐ の場合には、⇔の記号を用いる。従って、これが必要かつ十分を表す記号となる。

【定義20】 必要十分条件：記号⇔

任意の命題pとqに対して、

$p \Rightarrow q$　かつ　$q \Rightarrow p$（即ち、逆も真）

が成り立つとき、

命題pは、命題qが成り立つための**必要十分条件**である

命題qは、命題pが成り立つための**必要十分条件**である

といい、論理記号 ⇔ を用いて

$$p \Leftrightarrow q$$

と表す。

このとき、真理値にどのようなことが起こっているのであろうか。調べてみる。仮定は$p \to q \equiv \mathrm{I}$と$q \to p \equiv \mathrm{I}$　がともに成立しているということであるから、定義16と定義18、および定理11に戻って考えると、

$\neg p \vee q \equiv \mathrm{I}$と$\neg q \vee p \equiv \mathrm{I}$

がともに成り立っていなければならない。

そこで、この2つの真理値表を作ってみると、下表になる。

p	q	$\neg p$	$\neg q$	$\neg p \vee q$	$\neg q \vee p$
1	1	0	0	1	1
1	0	0	1	0	1
0	1	1	0	1	0
0	0	1	1	1	1

ともに成り立つという条件が成立するのは、真理値の組合せが1行目と4行目の場合であることが分かる。
すなわち、$(p, q) = (1, 1)$、$(p, q) = (0, 0)$ のときである。
このときには、p と q の真理値が一致しているから、$p \equiv q$ である。

また、この逆も成り立つことは、真理値表からも、また排中律からも、明らか。もし、$p \equiv q$ であれば、

$$p \to q \equiv \neg p \vee q \equiv \neg q \vee q \equiv \mathrm{I}$$

であり、

$$q \to p \equiv \neg q \vee p \equiv \neg p \vee p \equiv \mathrm{I}$$

であるから、仮定がともに成立している。

以上により、$p \Leftrightarrow q$ が成り立つということは、

　論理同値 $p \equiv q$ が成り立つための必要十分条件である

ことを示している。

すなわち、記号的にいえば、「$\Leftrightarrow$ は $\equiv$ に同じ」である。よって、次の定理を得る。

【定理18】　演繹による同値の定義

任意の命題 p と q に対して、

$$(p \Leftrightarrow q) \Leftrightarrow (p \equiv q)$$

が成り立つ。

注）同値の記号は、論理学では $\equiv$ で表すが、数学では必要十分の記号 $\Leftrightarrow$ で表すことが多い。「定義する」に記号「:=」に代えて論理同値の記号「≡」を用いる場合もある。

さて、ここでもう一度、必要十分条件とは何のことであるかを考察してみよう。

仮定により、$\neg p \vee q \equiv \mathbf{I}$ と $\neg q \vee p \equiv \mathbf{I}$ がともに成り立っていることであった。よって、巾等律により、

$$\mathbf{I} \equiv \mathbf{I} \wedge \mathbf{I} \equiv (\neg p \vee q) \wedge (\neg q \vee p)$$

が成立している。

一方、同値変形により、

$$\begin{aligned}
(p \to q) \wedge (q \to p) &\equiv (\neg p \vee q) \wedge (\neg q \vee p) \\
&\equiv [(\neg p \vee q) \wedge \neg q] \vee [(\neg p \vee q) \wedge p] \\
&\equiv [(\neg p \wedge \neg q) \vee (q \wedge \neg q)] \vee [(\neg p \wedge p) \vee (q \wedge p)] \\
&\equiv [(\neg p \wedge \neg q) \vee \mathbf{O}] \vee [\mathbf{O} \vee (q \wedge p)] \\
&\equiv (\neg p \wedge \neg q) \vee (q \wedge p) \\
&\equiv [\neg (p \vee q)] \vee (p \wedge q) \\
&\equiv (p \vee q) \to (p \wedge q)
\end{aligned}$$

$$\therefore (p \vee q) \Rightarrow (p \wedge q)$$

また、この逆も成り立つ。なぜなら、

$(p \vee q) \to (p \wedge q) \equiv \mathbf{I}$ならば、上の同値変形の式から

$$(p \to q) \wedge (q \to p) \equiv \mathbf{I}$$

でなければならない。論理積が恒真であれば、

$$(p \to q) \equiv \mathbf{I} \text{ かつ } (q \to p) \equiv \mathbf{I}$$

しかるに、$(p \wedge q) \to (p \vee q) \equiv [\neg (p \wedge q)] \vee (p \vee q)$

$$\begin{aligned}
&\equiv [(\neg p \vee \neg q)] \vee (p \vee q) \\
&\equiv [(\neg p \vee p)] \vee (\neg q \vee q) \\
&\equiv [(\neg p \vee p)] \vee (\neg q \vee \mathbf{q})
\end{aligned}$$

$$\equiv \mathrm{I} \vee \mathrm{I} \equiv \mathrm{I}$$

$$\therefore (p \wedge q) \Rightarrow (p \vee q)$$

よって、$(p \vee q) \Leftrightarrow (p \wedge q)$

すなわち、$[(p \vee q) \Leftrightarrow (p \wedge q)] \Leftrightarrow (p \equiv q)$

これは何を意味するかは、集合論で明らかになる。お楽しみに。

第2章　述語論理

述語論理には全称命題と存在命題の2つがある。まずは、関連する言葉の定義から始め、述語論理とはどのようなものなのか、命題論理とは何が異なっているのかを知る。

§2.1　述語とは何か

【定義21】　論理変数

論理で使う変数xを特に**論理変数x**といい、変数xの変域が集合Aであるとき、

　　集合Aを変域とする論理変数、あるいは単に、

　　A上の論理変数

といい、$x \in A$で表す。

【定義22】　述語

論理変数xを含み、それに具体的な対象を代入することによって命題となる宣言文（これを**開いた宣言文**という）を**述語**といい、一般に、$P(x)$ で表す。

「論理変数xの値が決まると、述語の真理値が決まる」という意味で、述語は**命題関数**とも呼ばれることがある。

論理変数を1つ含むものを**1変数述語**といい、一般に、n個の論理変数を含むものを**n変数述語**という。

2変数述語は、2つの論理変数xとy、あるいは、x_1とx_2を用いて、

$P(x, y)$、または　$P(x_1, x_2)$

などと表す。論理変数xの変域が集合Aである述語を、

集合Aを変域とする述語、あるいは単に、**A上の述語**

という。

(例1) 開いた宣言文$P(x)$ を

$P(x)$:= 「xは男性である」

とする。この文のままでは、論理変数xが一体何であるかが不明である。それ故に、論理変数xが決まっていないという意味で「開いた」宣言文というのである。

この開いた宣言文$P(x)$ は真とも偽とも判断できないから、定義1によって、命題ではない。しかし、論理変数xに具体的な人物「太郎」を代入すると、開いた宣言文は、

P(太郎) =「太郎は男性である」

となる。こうなると、開いた宣言文$P(x)$ は、その真偽が明確に判断されるようになって（これを**「閉じる」**という)、P(太郎) は真の命題となる。同様に、論理変数xに人物「花子」を代入すると、

P(花子) =「花子は男性である」

となり、その真偽が明確に判断されるようになって、P(花子) は偽の命題となる。「太郎」という名の女性はいない、「花子」という名の男性はいないという前提で真偽を決めている。

次は変域の問題を考えてみよう。今、この論理変数xの変域を男子高校の生徒に限ると、誰かを代入すると述語は命題となるが、その真理値は必ず1となる。しかるに一方、変域を女子高校の生徒とすると、誰を代入しても述語の真理値は必ず0となる。

このように、述語の真理値が0か1のどちらであるかを問題とする場合には、論理変数xの変域がどんな範囲であるのかが重要なポイントとなってくる。

(例2) 開いた宣言文$P(x,\ y)$を

$P(x,\ y) :=$「xとyが整数のとき、$x+y$は奇数である」

とする。この場合、xとyの変域はともに整数の集合$\mathbb{Z}$である。

例えば、$x=2$、$y=1$を代入すると$x+y=3$となる。3は奇数であるので、真の命題である。一方、$x=-2$、$y=4$を代入すると$x+y=2$となる。2は偶数であるので、偽の命題である。

いずれにしろ、論理変数xとyが整数$\mathbb{Z}$上を動く時は、必ず真偽が確定できる。従って、これは2変数述語の例である。

(例3) 開いた2つの宣言文$P(x,\ y)$と$Q(x,\ z)$を

$P(x,\ y) :=$「xさんはy大学の学生である」

$Q(x,\ z) :=$「xさんはzを勉強している」

とする。そこで、この2つの述語を下記のように、

$R(x,\ y,\ z) := P(x,\ y) \wedge Q(x,\ z)$

論理積$\wedge$で結べば、$R(x,\ y,\ z)$はどんな内容になるであろうか。

ここまで論理を学習してきた読者は、きっと、それは、

$R(x,\ y,\ z) =$「xさんはy大学でzを学ぶ学生である」

と答えるであろう。

はたして、この答えは正しいだろうか。残念ながら、現時点では、この

答えは「正しくない」のである。なぜなら、定義11において、「2つの命題 p と q に対して」とうたわれているから、命題でない述語に対しては、論理積を適用してはならないからである。

しかも、その後に続くすべての定理も命題でない述語には適用できない。その理由は、論理変数に対象が代入されていない時点では、述語が真理値を持ち得ないがゆえに、正しいことが証明できないことに起因する。

以上の例で見たように、述語はそのままでは真理値が決まらない、すなわち、真偽の判定ができない、という点において、述語は純然たる命題ではないのである。しかし、具体的な対象が論理変数に代入されるや否や命題となって直ちに真理値を持つことになる。いわば、「未完の命題」であって、述語は命題の資格は持っているといえる。

第1章で論じた論理記号や定理などが、命題でない述語には一切適用できなくなってしまうとたいへん困る。そこで、述語が命題の資格を持つ段階、すなわち、「具体的な対象を論理変数に代入する」ときには、正しいか否かの判断を明確に下せるのだから、「資格のない段階でも適用は許す」という規約を設けるのである。

すなわち、第1章の定義や定理において「命題に対して」とある部分を、すべて「命題または述語に対して」と読み替えるのである。一種の論理の拡張である。このようにしておけば、先の（例3）の答えは「正しい」ことになる。

§2.2　全称命題

定義22で述べたように、述語はそれ自身では命題でなく、ある対象を論理変数に代入した段階で初めて命題となった。しかし、特別な意味を持つ記号を述語に付与することによって、変数に対象を代入することなく述語を命題とすることができる。

この特別な記号としては、**全称記号**$\forall$と**存在記号**$\exists$の２つがある。
全称記号が付いた述語を**全称命題**といい、存在記号が付いた述語を**存在命題**という。

【定義23】　全称命題
集合A上の論理変数をxとする述語$P(x)$に対して、

すべての$x \in A$に対して、$P(x)$が成り立つ

という命題を**全称命題**といい、

$$\forall x \in A\ [P(x)] \quad \text{または} \quad \forall x \in A,\ P(x)$$

と書く。

本書では、全称記号$\forall$の及ぶ範囲を明確にするために、述語を大括弧[　　]でくくる。
さらに、xの変域が明らかな場合には、変域を意味する$\in A$を省略して、

$$\forall x\ [P(x)] \quad \text{または} \quad \forall x,\ P(x)$$

と表す。

【定義23―注】 全称記号∀

論理変数xの前に付けられた記号∀を**全称記号**といい、

「すべての」、「どんな」、 または 「任意の」

と読む。数学では、特に「任意の」をよく使用する。

この記号の由来は、上の意味を表す英語の単語

all（すべての）、any（どんな）、arbitrary（任意の）

の頭文字Aを上下に逆さにしたものである。

集合Aを有限集合とし、その元をa_1，a_2，……，a_nとする。

すなわち、$A = \{a_1, a_2, \cdots\cdots, a_n\}$

しからば、定義23によって、全称命題は、集合Aのすべての元

a_1，a_2，……，a_n

に対して、$P(x)$ が成り立つから、それは命題となるのである。

これを論理の言葉でいえば、$\forall x \in A\ [P(x)]$ は

$P(a_1)$、かつ$P(a_2)$、……、かつ$P(a_n)$

である。

従って、次の定理が成立する。

【定理20】 1変数述語の全称命題

集合A上の1変数述語$P(x)$ に対する全称命題は

$$\forall x \in A\ [P(x)] \equiv P(a_1) \wedge P(a_2) \wedge \cdots\cdots \wedge P(a_n)$$

で表すことができる。

【定理21】 全称命題の性質

集合A上の論理変数を$\boldsymbol{x}$とする述語$P(\boldsymbol{x})$に対して、

$$\forall \boldsymbol{x} \in A\ [P(\boldsymbol{x})] \quad \Rightarrow \quad P(a),\ a \in A$$

が成り立つ。

(証明) $a \in A$であるから、aはAの元$a_1, a_2, \cdots\cdots, a_n$の中のどれかである。従って、今、それを$a = a_1$と仮定する。

数学では、以上のことを「一般性を失うことなく、$a = a_1$と仮定してよい」、あるいは、「$a = a_1$と仮定しても、一般性は失われない」と表現する。

$$\forall \boldsymbol{x} \in A\ [P(\boldsymbol{x})] \rightarrow P(a_1)$$

$$\equiv \neg [P(a_1) \wedge P(a_2) \wedge \cdots\cdots \wedge P(a_n)] \vee P(a_1)$$

(∵定理11, 20)

$$\equiv [\neg P(a_1) \vee \neg P(a_2) \vee \cdots\cdots \vee \neg P(a_n)] \vee P(a_1)$$

(∵ de Morgan)

$$\equiv [\neg P(a_1) \vee P(a_1)] \vee [\neg P(a_2) \vee \cdots\cdots \vee \neg P(a_n)]$$

(∵交換律)

$$\equiv \mathbf{I} \vee [\neg P(a_2) \vee \cdots\cdots \vee \neg P(a_n)] \quad \text{(∵排中律)}$$

$$\equiv \mathbf{I} \quad \text{(∵定理10-1)}$$

$$\therefore \quad \forall \boldsymbol{x} \in A\ [P(\boldsymbol{x})] \Rightarrow P(a)$$

【定理22】 全称命題の論理和と論理積

集合A上の論理変数をxとする２つの述語$P(x)$、$Q(x)$ に対して、

1） $\forall x \in A\ [P(x)] \vee \forall x \in A\ [Q(x)] \Rightarrow \forall x \in A\ [P(x) \vee Q(x)]$

2） $\forall x \in A\ [P(x)] \wedge \forall x \in A\ [Q(x)] \equiv \forall x \in A\ [P(x) \wedge Q(x)]$

が成り立つ。

〔**注意**〕式２）は「全称命題の論理積は、論理積の全称命題と同値である」と述べているけれども、式１）は、「全称命題の論理和は、論理和の全称命題と同値にならず、演繹しか成立しない」と述べているのである。

まず、簡単な式２）のほうから証明する。

（証明２） 左辺$\equiv [P(a_1) \wedge P(a_2) \wedge \cdots\cdots \wedge P(a_n)] \wedge$

$[Q(a_1) \wedge Q(a_2) \wedge \cdots\cdots \wedge Q(a_n)]$ （∵定理20）

$\equiv [P(a_1) \wedge Q(a_1)] \wedge \cdots\cdots \wedge [P(a_n) \wedge Q(a_n)]$ （∵交換律）

$\equiv \forall x \in A\ [P(x) \wedge Q(x)]$ （∵定理20）

式１）の証明は、本来n個のAの元で成り立つことを示さないといけないが、証明の途中の式を簡単にして理解しやすくするために、n＝２の場合で証明することにする。

（証明１） 定理20によって、

左辺$\equiv [P(a_1) \wedge P(a_2)] \vee [Q(a_1) \wedge Q(a_2)]$

今、$Q := [Q(a_1) \wedge Q(a_2)]$ と置いて、分配律を適用すると

左辺$\equiv [P(a_1) \vee Q] \wedge [P(a_2) \vee Q]$

$P(a_1) \vee Q \equiv P(a_1) \vee [Q(a_1) \wedge Q(a_2)]$

$\equiv [P(a_1) \vee Q(a_1)] \wedge [P(a_1) \vee Q(a_2)]$ （∵分配律）

$$P(a_2)\vee Q\equiv P(a_2)\vee[Q(a_1)\wedge Q(a_2)]$$
$$\equiv[P(a_2)\vee Q(a_1)]\wedge[P(a_2)\vee Q(a_2)] \qquad (\because \text{分配律})$$

$\therefore$ 左辺 $\equiv[P(a_1)\vee Q(a_1)]\wedge[P(a_1)\vee Q(a_2)]$
$\wedge[P(a_2)\vee Q(a_1)]\wedge[P(a_2)\vee Q(a_2)]$
$\equiv[P(a_1)\vee Q(a_1)]\wedge[P(a_2)\vee Q(a_2)]\wedge R$

ここに、$R:=[P(a_1)\vee Q(a_2)]\wedge[P(a_2)\vee Q(a_1)]$ である

従って、定理14-2によって、

左辺 $\Rightarrow[P(a_1)\vee Q(a_1)]\wedge[P(a_2)\vee Q(a_2)]$
$\equiv\forall x\in A\,[P(x)\vee Q(x)]$ （∵定理20）
$\equiv$ 右辺 Q.E.D.

なお、Q.E.D.とは、「証明の完了」を示すラテン語の略語である。

【定義24】 2変数述語の全称命題

集合A上の論理変数xと集合B上の論理変数yの2変数述語$P(x,\ y)$に対する全称命題を

$$\forall x\in A\,\forall y\in B\ [P(x,\ y)]$$
$$:=\forall x\in A\ [\forall y\in B\ [P(x,\ y)]]$$

で定義する。

この定義は、最初に述語に最も近い左側の論理変数yの全称をとり、次にその左側の論理変数xの全称を取り、……、なることを示す。

従って、定理20によって、

$\forall x\in A\ [\forall y\in B\,[P(x,\ y)]]$
$\equiv\forall x\in A\,[P(x,\ b_1)\wedge P(x,\ b_2)\wedge\cdots\cdots\wedge P(x,\ b_{\mathrm{m}})]$

この式は、2変数述語の全称命題においては、2つの論理変数xとyは直積集合$A \times B$の全域を動くことを示し、また、その命題は直積の元のすべてを代入した述語の論理積で与えられることを示している。
(直積集合については、§5.6を参照)

従って、論理変数xとyは交換可能である。よって、次の定理を得る。

【定理23】　$\forall x$と$\forall y$の交換性

2変数述語の全称命題では、論理変数xとyは交換できる。

$$\forall x \in A \forall y \in B \ [P(x, y)] \equiv \forall y \in B \forall x \in A \ [P(x, y)]$$

この定理に基づいて、$\forall x \in A \forall y \in B \ [P(x, y)]$ を、yの前の$\forall$を省略して、

$$\forall x \in A, \ y \in B \ [P(x, y)]$$

と書く。あるいはxとyが、直積集合$A \times B$上を動くことを示して、

$$\forall (x, y) \in A \times B \ [P(x, y)]$$

と記述する。こちらの方が理解しやすいであろう。

§2.3　存在命題

全称命題と同様に、存在記号という特別な記号を述語に付けることにより、論理変数に対象を代入することなく述語を命題とすることができる。これが存在命題である。

【定義25】 存在命題

集合A上の論理変数をxとする述語$P(x)$に対して、

あるx$\in A$が存在して、$P(x)$が成り立つ

という命題を**存在命題**といい、これを

$\exists x \in A\ [P(x)]$ または $\exists x \in A,\ P(x)$ と書く。

本書では、全称命題と同様に、存在記号∃の及ぶ範囲を明確にするために述語を大括弧［　］でくくる。

変域が明らかな場合には、xの変域を意味する$\in A$を省略して、

$\exists x\ [P(x)]$ または $\exists x,\ P(x)$

と表す。

【定義25-注】 存在記号 ∃

論理変数の前に付けられた記号∃を**存在記号**といい、

「あるxが存在して……」

または「……のようなxが存在する」と読む。

この記号は、「存在する」という意味の英語の単語existの頭文字の大文字Eを左右に反転したものに由来する。

集合Aを有限集合とし、その元をa_1, a_2, ……, a_nとする。

すなわち、$A=\{a_1,\ a_2,\ \cdots\cdots,\ a_n\}$

しからば、定義25により、存在命題は集合Aのある元に対して$P(x)$が成り立つのであるから、集合Aの元、

a_1, a_2, ……, a_n

の中で、どれかの元に対して、$P(x)$ が成り立つ。
すなわち、これは命題である。これを論理の言葉でいえば、

$P(a_1)$ か、または$P(a_2)$ か、……、または$P(a_n)$ か

が成り立つのである。

従って、次の定理が成立する。

【定理24】 1変数述語の存在命題
集合A上の1変数述語$P(x)$ に対する存在命題は

$$\exists x \in A\ [P(x)] \equiv P(a_1) \vee P(a_2) \vee \cdots\cdots \vee P(a_n)$$

で表すことができる。

【定理25】 存在命題の性質
集合A上の論理変数をxとする述語$P(x)$ に対して、

$$P(a) : a \in A \quad \Rightarrow \quad \exists x \in A\ [P(x)]$$

が成り立つ。

(証明) $a \in A$であるから、一般性を失うことなく$a = a_1$と仮定してよい。

$P(a_1) \to \exists x \in A\ [P(x)]$

$\equiv \neg P(a_1)\ \vee\ [P(a_1) \vee P(a_2)\ \vee \cdots\cdots \vee P(a_n)]$

(∵定理11, 24)

$\equiv [\neg P(a_1) \vee P(a_1)]\ \vee\ [P(a_2)\ \vee \cdots\cdots \vee P(a_n)]$

(∵交換律)

$\equiv \mathrm{I} \vee\ [P(a_2) \vee \cdots\cdots \vee P(a_n)]$ (∵排中律)

$\equiv \mathrm{I}$ (∵定理10−1)

$\therefore\ \ P(a) \Rightarrow \exists x \in A\ [P(x)]$ Q.E.D.

【定理26】 存在命題の論理和と論理積

集合A上の論理変数をxとする２つの述語$P(x)$、$Q(x)$ に対して、

1） $\exists x \in A\ [P(x) \vee Q(x)] \equiv \exists x \in A\ [P(x)] \vee \exists x \in A\ [Q(x)]$

2） $\exists x \in A\ [P(x) \wedge Q(x)] \Rightarrow \exists x \in A\ [P(x)] \wedge \exists x \in A\ [Q(x)]$

が成り立つ。

〔**注意**〕式１）は、「論理和の存在命題は、存在命題の論理和と同値である」と言っているけれども、式２）は、「論理積の存在命題は、論理積の存在命題と同値ではなく、演繹しか成立しない」と言っている。

まず、簡単な１）の方から証明する。

（証明１）

$$\text{左辺} \equiv [P(a_1) \vee Q(a_1)] \vee \cdots\cdots \vee [P(a_n) \vee Q(a_n)] \qquad (\because \text{定理}24)$$

$$\equiv [P(a_1) \vee P(a_2) \vee \cdots\cdots \vee P(a_n)]$$

$$\vee [Q(a_1) \vee Q(a_2) \vee \cdots\cdots \vee Q(a_n)] \qquad (\because \text{交換律})$$

$$\equiv \exists x \in A\ [P(x)] \vee \exists x \in A\ [Q(x)] \qquad (\because \text{定理}24)$$

式２）の証明は、本来n個のAの元で成り立つことを示さないといけないが、証明の途中の式を簡単にして理解しやすくするために、n＝２の場合で証明することにする。

（証明２） 定理24によって、

$$\text{左辺} \equiv [P(\mathrm{a}_1) \wedge Q(a_1)] \vee [P(a_2) \wedge Q(a_2)]$$

今、$Q := [P(a_2) \wedge Q(a_2)]$ と置いて、分配律を適用すると

$$\text{左辺} \equiv [P(a_1) \vee Q] \wedge [Q(a_1) \vee Q]$$

$$P(a_1) \vee Q \equiv P(a_1) \vee [P(a_2) \wedge Q(a_2)]$$

$$\equiv [P(a_1) \vee P(a_2)] \wedge [P(a_1) \vee Q(a_2)] \qquad (\because \text{分配律})$$

$$Q(a_1)\vee Q\equiv Q(a_1)\ \vee\ [P(a_2)\wedge Q(a_2)]$$
$$\equiv[Q(a_1)\vee P(a_2)]\wedge[Q(a_1)\vee Q(a_2)]\qquad(\because\text{分配律})$$
$$\therefore\quad \text{左辺}\equiv[P(a_1)\vee P(a_2)]\wedge[P(a_1)\vee Q(a_2)]$$
$$\wedge[Q(a_1)\vee P(a_2)]\ \wedge\ [Q(a_1)\vee Q(a_2)]$$
$$\equiv[P(a_1)\vee P(a_2)]\ \wedge\ [Q(a_1)\vee Q(a_2)]\wedge R$$

ここに、$R:=[P(a_1)\vee Q(a_2)]\ \wedge\ [P(a_2)\vee Q(a_1)]$

従って、定理14−2によって、

$$\text{左辺}\Rightarrow\ [P(a_1)\vee P(a_2)]\ \wedge\ [Q(a_1)\ \vee Q(a_2)]$$
$$\equiv\forall x\in A\ [P(x)\vee Q(x)]\qquad(\because\text{定理}20)$$
$$\equiv\text{右辺}$$

Q.E.D.

【定義26】　2変数述語の存在命題

集合A上の論理変数xとB上の論理変数yの2変数述語$P(x,\ y)$に対する存在命題を

$$\exists x\in A\exists y\in B\ [P(x,\ y)]:=\ \exists x\in A\ [\exists y\in B\ [P(x,\ y)]]$$

で定義する。

この定義は全称命題の定義24と同じで、述語に近い左側の論理変数から順次、存在を取って行くということ示すものである。

従って、定理24によって、

$$\exists x\in A\ [\exists y\in B\ [P(x,\ y)]]$$
$$\equiv\exists x\in A\ [P(x,\ b_1)\vee P(x,\ b_2)\vee\cdots\cdots\vee P(x,\ b_{\mathrm{m}})]$$

これは、2変数述語の存在命題においても、2つの論理変数xとyは直積集合$A\times B$上をすべて動くことを示し、また、その命題は直積集合の元のすべてを代入した述語の論理和で与えられることを示している。(直積集合については、§5.6を参照)

従って、論理変数xとyは交換可能である。よって、次の定理を得る。

【定理27】 ∃xと∃yの交換性

2変数述語の存在命題でも、論理変数xとyは交換できる。

$$\exists x \in A \exists y \in B\ [P(x,\ y)] \equiv \exists y \in B \exists x \in A\ [P(x,\ y)]$$

この定理に基づいて、$\exists x \in A \exists y \in B\ [P(x,\ y)]$ を、yの前の∃を省略して、

$$\exists x \in A,\ y \in B\ [P(x,\ y)]$$

と書くことができる。

あるいは、直積集合$A \times B$上を動くことを示して、

$$\exists (x,\ y) \in A \times B\ [P(x,\ y)]$$

と記述する。

全称命題と同様に、こちらの記述のほうが理解しやすいであろう。

§2.4 全称記号と存在記号が混在する述語

今までは、$\forall x \in A \forall y$や$\exists x \exists y$のように、同じ記号が付いた述語を考察してきた。本節では、全称記号∀と存在記号∃が混じり合う述語について考察をする。

なお、論理変数xとyの変域はともに集合Aであるとして、$\in A$を省略する。

【定義27】 ∀x∃yのつく述語の意味

$$\forall x \exists y\ [P(x,\ y)] := \forall x\ [\exists y\ [P(x,\ y)]]$$

任意のxについて、$P(x,\ y)$ が成り立つようなyが存在する。

【定義28】 $\exists y \forall x$のつく述語の意味

$\exists y \forall x\,[P(x,\ y)] := \exists y\ [\forall x\,[P(x,\ y)]]$

あるyが存在して、任意のxについて$P(x,\ y)$ が成り立つ。

注）左から順に読んでいくことをルールとしているのである。

両者の意味の違いがどのようになるのかを、次の２つの例題で調べてみよう。

＜例１＞ x、$y \in \mathbb{Z}$とし、$P(x,\ y) := [x + y = 0]$ とする。

1）$\forall x \exists y\ [P(x,\ y)]$ の意味

「どのような整数xに対しても、$x + y = 0$となる整数yが存在する」である。これは真の命題である。なぜなら、yを$-x$に選べばよいから。

2）$\exists y \forall x\ [P(x,\ y)]$ の意味

「ある整数yがあって、任意の整数xに対して$x + y = 0$となる」である。これは偽の命題である。なぜなら、仮に$y = 1$とすると、$x = -1$に限って$x + y = 0$は成り立つのであって、どのような整数xに対しても$x + y = 0$が成り立つとは言い得ないからである。

＜例２＞ x、$y \in \mathbb{R}$とし、$P(x,\ y) := [x \times y = 0]$ とする。

1）$\forall x \exists y\ [P(x,\ y)]$ の意味

「どのような実数xに対しても、$x \times y = 0$となる実数yが存在する」である。

これは真の命題である。なぜなら、yを0に選べばよいから。

2）$\exists y \forall x\,[P(x,\ y)]$ の意味

「ある実数yがあって、どのような実数xに対しても$x \times y = 0$　となる」である。これも真の命題である。何故なら、$y = 0$　とすると、任意のxに対して（すなわち、xがどのような整数であっても）、$x \times 0 = 0$　となるから。

以上の例によって、$\forall x$と$\exists y$の順序を入れ替えると意味が変化して、その真偽が一致するものもあれば、一致しないものもあった。すなわち、必ずしも交換可能であるとは限らないことが分かった。

$$\therefore \quad \forall x \exists y \neq \exists y \forall x$$

【定理28】　$\forall x$と$\exists y$の交換性

2変数述語では、一般に、$\forall x$と$\exists y$は交換可能でない。

$$\forall x \exists y \neq \exists y \forall x \qquad \text{（略記）}$$

しかしながら、次の演繹は成り立つのである。

【定理29】　$\forall x$と$\exists y$の交換性

集合A上の論理変数xとB上の論理変数yの2変数述語において

$$\exists y \in B \forall x \in A\ [P(x,\ y)] \quad \Rightarrow \quad \forall x \in A \exists y \in B\ [P(x,\ y)]$$

が成り立つ。

(証明) これも分配律の関係で、簡略化と理解のしやすさのため、

n = 2 の場合について証明する。

すなわち、$A = \{a_1, a_2\}$、$B = \{b_1, b_2\}$ とする。

また、$p_{ij} := P(a_i, b_j)$ と略記する。

今、$Q(y) := \forall x \in A\ [P(x, y)]$ とおくと、定理20により

$$Q(y) \equiv P(a_1, y) \wedge P(a_2, y)$$

従って、左辺$\equiv \exists y \in B\ [Q(y)]$

$$\equiv [Q(b_1)] \vee [Q(b_2)] \quad (\because 定理24)$$

$$\equiv [P(a_1, b_1) \wedge P(a_2, b_1)] \vee [P(a_1, b_2) \wedge P(a_2, b_2)]$$

$$\equiv (p_{11} \wedge p_{21}) \vee (p_{12} \wedge p_{22})$$

$$\equiv [p_{11} \vee (p_{12} \wedge p_{22})] \wedge [p_{21} \vee (p_{12} \wedge p_{22})] \quad (\because 分配律)$$

$$\equiv [(p_{11} \vee p_{12}) \wedge (p_{11} \vee p_{22})] \wedge [(p_{21} \vee p_{12}) \wedge (p_{21} \vee p_{22})] \quad (\because 分配律)$$

$$\equiv [(p_{11} \vee p_{12}) \wedge (p_{21} \vee p_{22})] \wedge [(p_{11} \vee p_{22}) \wedge (p_{21} \vee p_{12})] \quad (\because 交換律)$$

ここで、定理14-2を用いると、

$$左辺 \Rightarrow [(p_{11} \vee p_{12}) \wedge (p_{21} \vee p_{22})]$$

一方、$R(x) := \exists y \in B\ [P(x, y)]$ とおくと、定理24により

$$R(x) \equiv P(x, b_1) \vee P(x, b_2)$$

従って、右辺$\equiv \forall x \in A\ [R(x)] \equiv R(a_1) \wedge R(a_2)$ (∵定理20)

$$\equiv [P(a_1, b_1) \vee P(a_1, b_2)] \wedge [P(a_2, b_1) \vee P(a_2, b_2)]$$

$$= [p_{11} \vee p_{12}] \wedge [p_{21} \vee p_{22}]$$

∴ 左辺 ⇒ 右辺 Q.E.D.

§2.5 全称命題と存在命題の否定

命題論理でその否定を考えたように、述語論理における否定はどうなるのかを考える。例えば、次の全称命題

「任意のxについて$P(x)$が成り立つ」

を否定するとき、機械的に「……でない」という否定語を末尾に付け、「任意のxについて$P(x)$が成り立つ」ということではないと否定するのも正解ではある。

しかし、もっと日本語らしい表現が別にあるだろう。それは、「$P(x)$が成り立たないようなxが少なくとも1つは存在する」である。

このような表現が正しいことを、これから論理的に示す。このベースとなるのは、全称命題に関する定理20と存在命題に関する定理24である。

1）全称命題の否定

定理20によって、集合A上の全称命題は、

$$\forall x \in A\ [P(x)] \equiv P(a_1) \wedge P(a_2) \wedge \cdots\cdots \wedge P(a_n)$$

で定義されていた。従って、これを否定すると、

$$\neg(\forall x \in A[P(x)]) \equiv \neg\ [P(a_1) \wedge P(a_2) \wedge \cdots\cdots \wedge P(a_n)]$$

ここで論理のド・モルガンの法則（定理7-2）を用いると、

$$\neg(\forall x \in A\ [P(x)]) \equiv \neg P(a_1) \vee \neg P(a_2) \vee \cdots\cdots \vee \neg P(a_n)$$

右辺は、定理24によって、$\neg P(x)$の存在命題そのものであるから、

$$\therefore\quad \neg\ (\forall x \in A\ [P(x)]) \equiv \exists x \in A\ [\neg P(x)]$$

2）存在命題の否定

定理24によって、集合A上の存在命題は、

$$\exists x \in A\ [P(x)] \equiv P(a_1) \vee P(a_2) \vee \cdots\cdots \vee P(a_n)$$

で定義されていた。

従って、これを否定すると、

$$\neg(\exists x \in A\ [P(x)]) \equiv \neg[P(a_1) \vee P(a_2) \vee \cdots\cdots \vee P(a_n)]$$

ここで論理のド・モルガンの法則（定理7−1）を用いると、

$$\neg(\forall x \in A\ [P(x)]) \equiv \neg P(a_1) \wedge \neg P(a_2)\ \wedge \cdots\cdots \wedge \neg P(a_n)$$

右辺は、定理20によって、$\neg P(x)$ の全称命題そのものであるから、

$$\therefore\quad \neg(\exists x \in A\ [P(x)]) \equiv \forall x \in A\ [\neg P(x)]$$

以上をまとめて、次の重要な定理を得る。

【定理30】 述語論理のド・モルガンの法則

集合A上の１変数述語において

全称命題の否定：$\neg(\forall x \in A\ [P(x)]) \equiv \exists x \in A\ [\neg P(x)]$

存在命題の否定：$\neg(\exists x \in A\ [P(x)]) \equiv \forall x \in A\ [\neg P(x)]$

が成り立つ。

ここで注目すべきことは、∀は否定を受けると∃に変わり、∃は否定を受けると∀に変わるという事実である。

このことは、全称命題は論理積で記述され（定理20）、存在命題は論理和で記述される（定理24）ということに立脚している。

命題が否定を受けると、ド・モルガンの法則（定理7）によって、

論理積∧は論理和∨に変わり、

論理和∨は論理積∧に変わる

ことを反映しているのである。

［**注意**］ 論理変数xの変域である集合は、否定を受けても何ら変化しない。これは前提事項であり、当然のことである。

$x \in A$の部分は、否定を受けて$x \notin A$とならないことに注意する。

（ただし、記号$\notin$は定義33を参照）

すなわち、論理変数を決めている条件は、否定を受けても変わらないことを意味するものである。

これらの関係を図示すると、下のようになる。

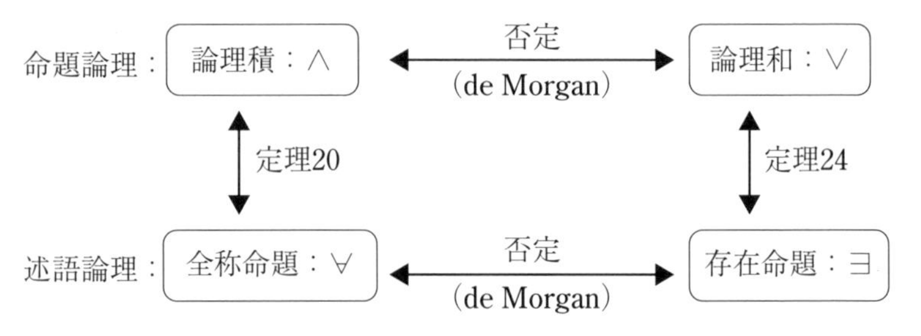

§2.6 述語論理の事例

数学の解析学で重要な役割を演じる数列の収束、および関数の連続性という２つの概念を例にとり述語論理の具体的な活用について説明する。

1）数列の収束

高校の数学では、「nが限りなく大きくなるにつれて、a_nが限りなくα

に近づく」ことを、「数列 $\{a_n\}$ がαに収束する」といい、

$$\lim_{n \to \infty} a_n = \alpha$$

と書いた。

大学の数学では、「限りなく大きくなる」とか、「限りなく近づく」などの曖昧な表現を排除して、収束の概念が全称命題と存在命題を用いて正確に記述される。

この論法は、$\varepsilon - \delta$（イプシロン·デルタ）論法と言われ、極限、連続性、微分の概念に必須のものとなっているので、使えるようにしておきたいものである。

数列 $\{a_n\}$ がαに近づいて行くようすを模式的に描くと、下図のように表せる。

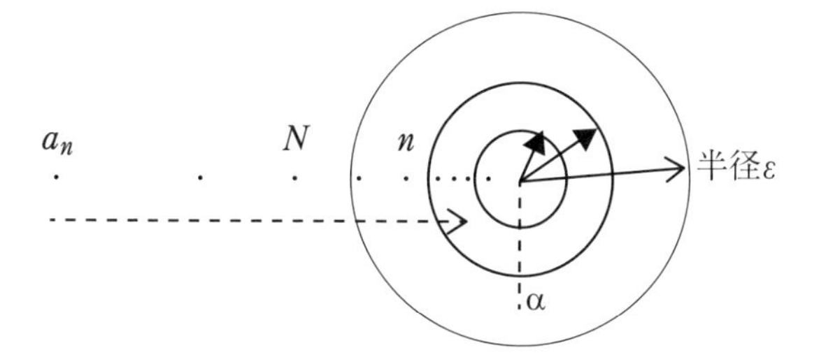

この図から察するに、「a_nがαに収束する」状態とは、大・中・小のどの円をとっても（すなわち、半径εのどんな円を描いても）、あるN（円の外側で最も円に近い点）よりも大きな番号nの点a_nに対しては、すべての点a_nがαを中心とする半径εの小さな円内に入っているという条件を満たしていることに気づくであろう。

この状態を数学的に正確に言い表すと、

「どんなに小さな正の数εを取ってきても、点a_nの番号がある番号Nより大きな番号であれば、そのような点a_nと点αとの距離はすべてεよりも小さい」

ということになる。

まず、大枠を考えると、「どんなεを取ってきても、点a_nが半径εの円内にある」ことでなければならない。これを述語論理の言葉を用いて書き表すと、

$$\forall \varepsilon > 0, \ |a_n - \alpha| < \varepsilon$$

これが「限りなく近づく」に相当する。数学では、この円内の領域のことを、点αのε**近傍**（きんぼう）といい、$V_\varepsilon(\alpha)$で表す。

また、ε近傍が出てきたときには、その半径εは必ず小さな正の実数を対象として考えることを暗黙の約束事項としている。

次に、どんな点がこの円内に入らねばならないか、すなわち、ε近傍$V_\varepsilon(\alpha)$に含まれねばならないか、と考えると、それは

「あるNより大きな番号を持つ点a_nはすべて」

である。これが、「nが限りなく大きくなる」に相当する。
では、「あるN」はどのように決まるのであろうか。
それは先に決めた半径εによって決まるのである。

もし半径εとして比較的大きな数（図中の大円の場合）を選択すれば、Nは小さい番号で済むけれど、半径εとして極めて小さな数（図中の小円の場合）を選択すれば、Nは非常に大きな番号となる。

例えば、今、数列 $\{a_n\}$ として、$a_n = 1/n$ を考える。
$n \to \infty$ のとき $a_n \to 0$ となるから、極限値 α は 0 である。

小さな正の実数 ε として $\varepsilon = 0.1$ を選ぶとする。すると、α の ε 近傍には、$n > 10$ の番号の a_n がすべて入る。よって、$N = 10$ となる。

しかし、それより小さい ε として $\varepsilon = 0.001$ を選べば、$n > 1000$ の番号の a_n だけしか ε 近傍に入らない。すなわち、$N = 1000$ である。
このように、N は ε に依存して決まる番号なのである。

従って、上の2つを組み合わせて、次の定義を得る。

【定義29】　数列の収束

数列 $\{a_n\}$ が α に収束するとは、
「どんな正の数 ε をとっても、それに依存して決まるある自然数 N が存在し、N より大きな自然数 n に対してすべての点 a_n が α の ε 近傍に入る」ことをいうのである。

これを、述語論理の言葉を用いて、

$$\forall \varepsilon > 0,\ \exists N \in \mathbb{N},\ \forall n \in \mathbb{N},\ n > N \to |a_n - \alpha| < \varepsilon$$

と表すのである。

さらに、εが正の実数上、Nとnが自然数上を動くことは明らかとして、εの所の>0の部分、および$\in\mathbb{N}$を省略し、また簡略化のために、2つの述語を

$$p(n,\ N) := n > N$$

$$q(n,\ \varepsilon) := |a_n - \alpha| < \varepsilon$$

と置けば、じつにシンプルな次の形で表現されるのである。

$$\forall \varepsilon \exists N \forall n\ [p(n, N) \to q(n,\ \varepsilon)]$$

この例から、「述語は複雑で高度な内容を的確に表現できる論理である」ということが理解できるであろう。

では次に、この命題の否定を考えることにする。

便宜上、命題P、および述語Q, R, Sを次のようにおく、

$$P := \forall \varepsilon \exists N \forall n\ [p(n,\ N) \to q(n,\ \varepsilon)]$$

$$Q(\varepsilon) := \exists N \forall n\ [p(n,\ N) \to q(n,\ \varepsilon)]$$

$$R(\varepsilon,\ N) := \forall n\ [p(n,\ N) \to q(n,\ \varepsilon)]$$

$$S(\varepsilon,\ N,\ n) := p(n,\ N) \to q(n,\ \varepsilon)$$

しかるに、$P \equiv \forall \varepsilon\ [Q(\varepsilon)]$

$$Q(\varepsilon) \equiv \exists N\ [R(\varepsilon,\ N)]$$

$$R(\varepsilon,\ N) \equiv \forall n\ [S(\varepsilon,\ N,\ n)]$$

であるから、定理30によって、命題Pおよび述語Q, Rの否定を作ると、本節の冒頭の議論により、述語にも論理記号や定理をすべて適用できるので、

$$\neg P \equiv \neg\ (\forall \varepsilon\ [Q(\varepsilon)]) \equiv \exists \varepsilon\ [\neg Q(\varepsilon)]$$

$$\neg Q(\varepsilon) \equiv \neg\ (\exists N\ [R(\varepsilon,\ N)]) \equiv \forall N\ [\neg R(\varepsilon,\ N)]$$

$$\neg R(\varepsilon,\ N) \equiv \neg\ (\forall n\, S(\varepsilon,\ N,\ n)) \equiv \exists n\ [\neg S(\varepsilon,\ N,\ n)]$$

$$\therefore\quad \neg P \equiv \exists \varepsilon \forall N \exists n\ [\neg S(\varepsilon,\ N,\ n)]$$

ここで、定理11により、Sの否定を作ると、

$$\neg S(\varepsilon,\ N,\ n) \equiv \neg\ [p(n,\ N) \rightarrow q(n,\ \varepsilon)]$$

$$\equiv \neg\ [\neg p(n,\ N) \vee q(n,\ \varepsilon)]$$

$$\equiv p(n,\ N)\ \wedge (\neg q(n,\ \varepsilon)$$

$$\therefore\quad \neg P \equiv \exists \varepsilon \forall N \exists n\ [p(n,\ N)\ \wedge\ (\neg q(n,\ \varepsilon)]$$

また、$\neg q\ (n,\ \varepsilon)\ \equiv\ |a_n - \alpha| \geqq \varepsilon$　であることを考慮すれば、否定の命題を言葉で言い表すと、

　ある正の実数εがあって、どんな自然数Nに対しても、

$$|a_n - \alpha| \geqq \varepsilon$$

　が成り立つようなNより大きなnが存在する

となる。

もとの命題と、否定命題を比較しておくと、

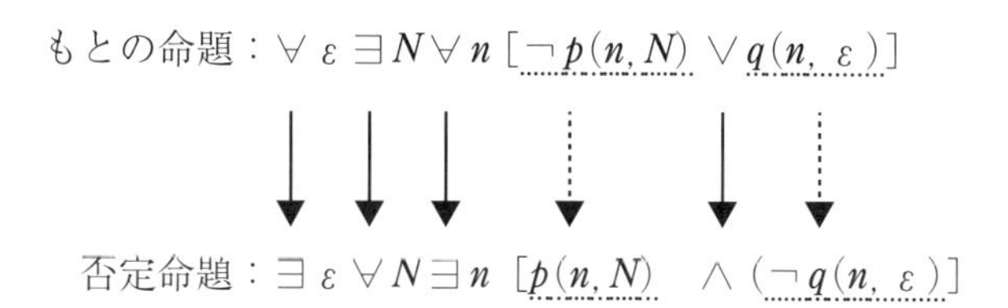

すなわち、∀→∃、∃→∀、∨→∧、に変わっていること、
および命題が

$$\neg p(n,\ N) \to p(n,\ N)、q(n,\ \varepsilon) \to \neg q(n,\ \varepsilon)$$

のように、ちゃんと否定形に変わっていることがよく分かる。

2）関数の連続性

高校の数学では、「xが限りなくaに近づくにつれて、$f(x)$ が$f(a)$ に限りなく近づく」ことを「関数$f(x)$ は、$x=a$において、連続である」といい、$\lim_{x \to a} f(x) = f(a)$ と書いた。

では、この「連続である」ということを、述語で正確に表してみよう。
数列の収束において見たように、
「nが限りなく大きくなるにつれて、a_nがαに限りなく近づく」
とは、

数列　　$a_n \to \alpha$　：$\forall \varepsilon > 0,\ |a_n - \alpha| < \varepsilon$
番号　　$n \to \infty$　：$\exists N,\ \forall n,\ n > N$

であった。では、今回の$f(x)$の連続性についてはどうかと言うと、
「xが限りなくaに近づくにつれて、$f(x)$ が$f(a)$に限りなく近づく」
のであるから、両者を対比させると、

関数　　$f(x) \to f(a)$：$\forall \varepsilon > 0,\ |f(x) - f(a)| < \varepsilon$
変数　　$x \to a$　：$\exists \delta,\ \forall x,\ |x - a| < \delta$

となることが分かる。

なぜなら、「nが大きくなる」は「xはaに近づく」に変わっているので、

$n > N$　　の代わりに　$|x - a| < \delta$

とすればよいからである。
従って、関数 $f(x)$の連続性に関して、次の定義を得る。

【定義30】 関数の連続性

関数 $f(x)$ が $x=a$ で連続であるとは、

「どんな正の実数 ε を取ってきても、それに依存して決まるある正の数 δ が存在し、

$|x-a|<\delta$ となるすべての x に対して、

$f(x)$ が $f(a)$ の ε 近傍に入る」

ことをいう。

これを、述語論理の言葉を用いて、

$$\forall \varepsilon > 0,\ \exists \delta \in \mathbb{R},\ \forall \mathrm{x} \in \mathbb{R},$$

$$|x-a| < \delta \rightarrow |f(x) - f(a)| < \varepsilon$$

と表す。

これが妥当なことを、図を用いて確認してみよう。

<連続な状態>

$$\forall \varepsilon > 0,\ \exists \delta \in \mathbb{R},\ \forall \boldsymbol{x} \in \mathbb{R},$$
$$|\boldsymbol{x} - \boldsymbol{a}| < \delta \rightarrow |f(\boldsymbol{x}) - f(\boldsymbol{a})| < \varepsilon$$

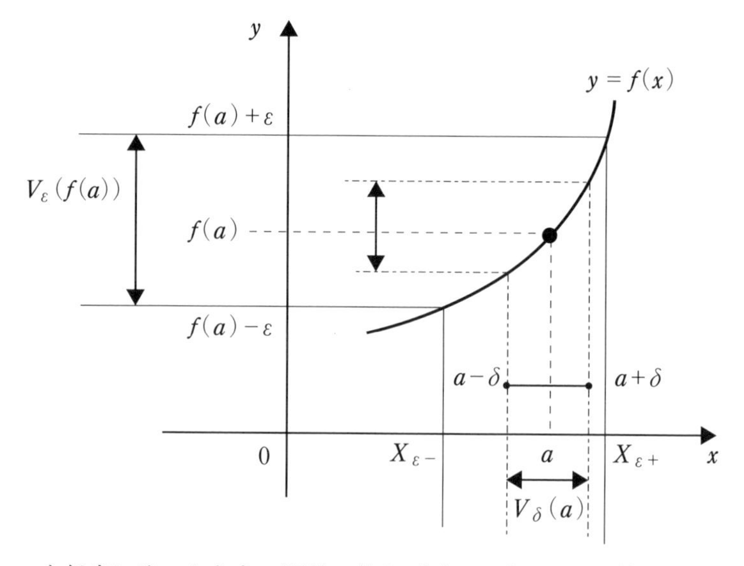

εを任意に取ったとき、関数の値が$f(\boldsymbol{a}) + \varepsilon$となる$\boldsymbol{x}$の値を$X_{\varepsilon +}$とし、$f(\boldsymbol{a}) - \varepsilon$となる$\boldsymbol{x}$の値を$X_{\varepsilon -}$とし（実線）、この内で$\boldsymbol{a}$からの距離が小さい方を$\delta_0$とする。

$$\delta_0 = \min\{|\boldsymbol{x}_{\varepsilon +} - \boldsymbol{a}|,\ |\boldsymbol{x}_{\varepsilon -} - \boldsymbol{a}|\}$$

そして、$0 < \delta < \delta_0$となるような適当な数をδ（一点鎖線）として決めればよい。

このようにδを選択すると、点$\boldsymbol{a}$のδ近傍内の任意の点$\boldsymbol{x}$に対して、その関数値は必ず$f(\boldsymbol{a})$のε近傍内に存在することが上図から容易に理解される。この状態を連続というのである。

＜連続でない状態＞

否定をとると、次のようになる。

$\exists\,\varepsilon > 0,\ \forall\,\delta \in \mathbb{R},\ \exists\,x \in \mathbb{R},$

$|x - a| < \delta$ かつ $|f(x) - f(a)| \geqq \varepsilon$

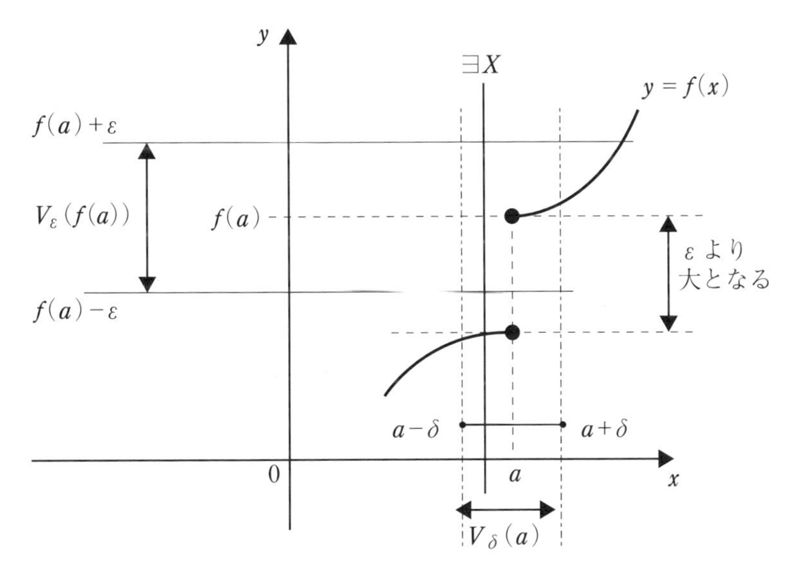

ある ε に対し、どんな δ を取っても、$x = a$ の δ 近傍の点には、ε より大きな半径を持つ $f(a)$ の近傍となる X が必ず存在することが分かる。

第3章　証明の方法

命題の正しさを示すことを証明という。証明の仕方を大別すると、演繹と帰納という2つに分かれる。演繹とは、「これこれだから、何々だ」という論法を連ね、理詰めで結論を導き出す論法である。代表的なものとして、三段論法がこれに当たる。

一方、帰納とは、「この場合も正しい、あの場合も正しい」と、すべての場合を尽くして正しいことを示し、すべての場合に成り立つから、それは正しいと結論する論法である。この論法の代表的なものに、漸化式の証明によく用いられる「数学的帰納法」がある。

§3.1　演繹による3つの証明方法

数学の定理は、命題をp，qとすると、たいてい「pならばqである」という構造を持っている。それ故、定理が正しいことを示すには理詰めの演繹が適している。演繹には次の3つの方法がある。

1）直接法

条件pが成り立つこと（すなわち、$p \equiv \mathrm{I}$）と、他の知られている事実を援用して、qが成り立つこと（すなわち、$q \equiv \mathrm{I}$）を直接的に示す方法である。

2）背理法

結論qを否定すると、条件p（またはpと同値な事実）と「矛盾が生じる」ことを示し、結論qの否定が間違っていたこと、すなわち、qが成り立つことを間接的に示す方法である。

3）対偶法

「対偶はもとの命題と同値である（定理12)」ことを用いて、

まず結論のqを否定して、他の知られている事実を援用し、
「pの否定が成り立つ」ことを示す方法である。

一般的に、無いことを証明するのは有ることを証明するより難しいのと同様に、否定が正しいことを示すのは、肯定が正しいことを示すよりも難しい。従って、結論が否定表現になっているような命題は、結論を否定して出発する背理法や対偶法の方が証明しやすい傾向にある。

これらの証明法は、どれを用いても構わないが、最も簡明なものを用いるのが好ましいことは言うまでもない。しかし、テストなどで時間が限られている場合には、自分でできる証明方法を採用すべきであろう。また、エレガントに示したい場合などは、定理の内容に応じて、どれを選択すべきか、方策を事前に十分検討すべきである。

§3.2 証明法の根拠

論理的には、$p \to q$が恒真命題であること、すなわち、

$$p \to q \equiv \mathrm{I} \quad (p \Rightarrow q)$$

を示せばよい。

証明すべきたいていの命題は、「$p \equiv \mathrm{I}$ ならば $q \equiv \mathrm{I}$である」の形をしていることを仮定するのであるから、通常は、$p \equiv \mathrm{I}$ のとき $q \equiv \mathrm{I}$ であることを示すのが一般的である。

1）直接法の根拠

定理11によって、$p \to q \equiv \neg p \vee q$である。

ア）pが恒偽命題である（すなわち、$p \equiv \mathrm{O}$）とき（こういう場合はほとんどない）

$\neg p \equiv \mathrm{I}$であるから、定理10−1により、qの真偽にかかわらず、$p \to q \equiv \mathrm{I}$となる。これを、空疎（くうそ）な証明という。

イ）pが恒真命題である（すなわち、$p \equiv \mathrm{I}$）とき

定理10−1により、$\neg p \vee q \equiv \neg \mathrm{I} \vee q \equiv \mathrm{O} \vee q \equiv q$となる。

従って、$q \equiv \mathrm{I}$であれば、$p \to q \equiv \mathrm{I}$となる。

$\therefore p \equiv \mathrm{I}$を条件として$q \equiv \mathrm{I}$を示せば、$p \to q$の証明となる。

2）背理法の根拠

前節の3）に記したように、結論のqを否定し、条件p（またはpと同値な事実）と矛盾が生じることを示すのが背理法である。

これが、なぜ$p \to q \equiv \mathrm{I}$の証明になるのかを以下に示す。

定義16（ならばの定義）によって、

$$p \to q \equiv \neg\ [p \wedge (\neg q)]$$

ところで、「結論qを否定すると、条件pと矛盾が生じる」というのは、「$\neg q$とpは両立しない」ということであるから、

定理9−2の矛盾律から

$$p \wedge (\neg q) \equiv \mathrm{O}$$

となる。従って、$p \to q \equiv \neg \mathrm{O}$となる。

しかるに、定理8−2より、$\neg \mathrm{O} \equiv \mathrm{I}$であるから、 $\therefore p \to q \equiv \mathrm{I}$

あるいは、$p \equiv \mathrm{I}$を仮定すると、定理10−2により、

$$p \wedge (\neg q) \equiv \mathrm{I} \wedge (\neg q) \equiv \neg q$$

であるから、$p \wedge (\neg q) \equiv \mathrm{O}$が成立するためには、

$\neg q \equiv$ Oでなければならない。$\therefore q \equiv$ I

でもよい。

3）対偶法の根拠

対偶：（$\neg q$）→（$\neg p$）$\equiv$ Iを示すことが、なぜ$p \to q \equiv$ Iを示すことになるのかは、定理12によって、

（$\neg q$）→（$\neg p$）$\equiv p \to q$であるから、明らかである。

この方法も、結論qの否定（$\neg q$）から始めて、条件pの否定が真（$\neg p$）であることを導く証明法である。背理法との違いは、条件の否定（$\neg p$）を導くところにある。

条件pはそのままにしておき、途中で矛盾が起こることを示す背理法とは、本質的に同じ証明法であることは容易に理解できるであろう。それ故に、背理法は、対偶法の一種であるとみなされている。

§3.3　証明の具体例

<例1>　$n \in \mathbb{Z}$とするとき、nが偶数であれば、$3n+7$は奇数であることを示せ。

1）直接法による証明

nは偶数であるから、ある整数をkとすれば、$n = 2k$と書ける。

従って、$3n+7 = 3(2k)+7 = 6k+7 = 2(3k+3)+1$

しかるに、$3k+3$は整数であるから$2(3k+3)$は偶数である。従って$3n+7$は奇数である。

2）背理法による証明

$n \in \mathbb{Z}$であるから、$3n+7$は整数である。$3n+7$が奇数でないと仮定すると、偶数でなければならない。よって、kをある整数として、$3n+7=2k$と書ける。

従って、$n=(3n+7)-(2n+7)=2k-(2n+7)$

$=2(k-n-4)+1$

しかるに、$k-n-4$は整数であるから$2(k-n-4)$は偶数である。

従ってnは奇数となる。

これはnが偶数であることに矛盾する。

3）対偶による証明

背理法と同じ。

最後の行を書く必要がなく、代わりに次のように書けばよい。

「よって、nが偶数であることの否定が得られたので、対偶が証明できた。」

いずれの証明においても、偶数と奇数の定義だけしか用いていない。

<例2>　$n \in \mathbb{Z}$とするとき、$3n+4$が奇数であれば、nは偶数でないことを示せ。

この例では、結論が否定表現をしている特徴がある。こういう場合は、対偶法や背理法を用いると証明がしやすい。

1）直接法による証明

nは整数であるから、$3n$と$3n+4$は整数である。整数と偶数の和が奇数であることから、整数は奇数でなければならない。

従って、$3n$は奇数。従って、整数の積が奇数であるから、

nは奇数である。

この証明には、

2つの整数の積が奇数 $\Leftrightarrow$ 両者が奇数、

2つの整数の和が奇数 $\Leftrightarrow$ 奇数と偶数、

の2つの事実を用いた。本来は、補題として証明が必要であるが、ここでは既知とした。このように、奇数と偶数の定義以外に上記の2つの補題の証明を要する。

2）背理法による証明

結論を否定すると、nは整数であるから、nは偶数となる。

すると、kを整数として、$n = 2k$と書ける。

従って、$3n + 4 = 3(2k) + 4 = 2(3k + 2)$ となる。

しかるに、$3k + 2$ は整数であるから、$3n + 4$ は偶数となる。

これは $3n + 4$ は奇数であるという仮定に矛盾する。

3）対偶による証明

背理法と同様。最終行は、「$3n + 4$ は偶数という条件の否定が得られた。」にすればよい。

＜例3＞ 整数aが整数$n \neq 0$で割り切れることを、$n \mid a$で表し、割り切れないことを、$n \nmid a$で表す。$x,\ n \in \mathbb{Z}$とするとき、

$n \mid x^2 \quad \Leftrightarrow \quad n \mid x$ を示せ。

（十分性$\Leftarrow$ の証明） 直接法で示す。

$x = nk$、$k \in \mathbb{Z}$と書ける。$x^2 = (nk)^2 = n(nk^2)$

$\therefore n \mid x^2$

（必要性⇒の証明） 対偶法により、$n \nmid x \Rightarrow n \nmid x^2$　を示す。

$y \in \mathbb{Z}$に対し、$x = ny + k$、$k = 1, 2, \cdots\cdots, n-1$と置ける。

$$x^2 = (ny+k)^2 = n^2y^2 + 2nyk + k^2$$
$$= n(ny^2 + 2yk) + k^2$$

しかるに、kは約数nを含まないから、$n \nmid k^2$　$\therefore n \nmid x^2$

＜例4＞　nを素数とするとき、$\sqrt{n}$は無理数であることを示せ。

無理数とは「実数の中で、有理数でない数」で定義される数であるから、無理数であることを示すためには、「有理数でないこと」を示さなくてはならない。

従って、無理数が結論に含まれるような命題を証明する場合は、結論を否定して出発すると、「有理数であること」から出発できる。すると、その数を既約分数で表すことができて好都合である。

このような場合、背理法しか証明方法が無いと言っても過言ではない。

結論を否定して、矛盾が生じることを示す。すなわち、背理法を用いる。

背理法による証明

$\sqrt{n}$を無理数でない、すなわち、有理数であると仮定する。

有理数は2つの互いに素なる整数を用いて既約分数で表せるから、

$\sqrt{n} = a/b$、（aとbは互いに素なる正の整数）　$\therefore n \cdot b^2 = a^2$

従って、a^2はnで割り切れる。これを$n \mid a^2$と書く。

よって、＜例3＞の補題により、$n \mid a$である。すなわち、$a = nk$、$k \in \mathbb{Z}$と書ける。

$$n \cdot b^2 = (nk)^2 \qquad \therefore b^2 = nk^2$$

同様に、$n \mid b^2$ であるから、$n \mid b$。よって、$b = nm$、$m \in \mathbb{Z}$ と書ける。従って、a と b は公約数 n を持つ。これは a と b が既約分数という仮定に反する。ゆえに、$\sqrt{n}$ は無理数である。

なお、この証明には、前の＜例３＞の補題が必要である。

第2部　集合

論理と集合がいかに密接につながっているかを集合の定義を通して理解するのが、この部の目的である。

1930年代の中頃、数人のフランスの数学者たちは、ブルバキBourbakiという集団を結成して、当時の解析学や代数学の成果を公理主義的な立場に立ち、数学の各分野の内容を分冊という形で、次々と著わした。

その書名は、古来より読み継がれてきたユークリッド幾何学の集大成であった「原論」にちなんで「数学原論」と名付けられ、数十年の長きにわたって、順次刊行され続けた。その第一部が集合論であった。

その結果、世界の数学界で認められ、集合が数学の基礎としての地位を確立したのである。我が国でその翻訳本の初版が刊行されたのは、半世紀前の1968年であった。

第4章　集合の基礎

§4.1　集合の用語

【定義31】　集合と元（げん）
考察の対象となっているものの集まりを**集合**といい、その集まりを構成する個々の対象をその集合の**元**という。

集合はアルファベットやギリシャ文字の大文字で表し、元はそれらの小文字で表すのが慣習である。

考察しているものであればその集まりは何でも集合であるかというと、そうではない。数学でいう集合とは、次の2つの条件を備えている集まりだけを集合とするのである。

【定義32】 集合の要件

1）集まりの範囲が明確に定まっていること。

すなわち、ある対象がその集合に属するか否かが明確に決定できる。

2）集まりを構成する個々の対象が同じであるか否かが明確に識別できること。

すなわち、集合の元が明確に区別可能である。

この2つの条件は、集合同士の関係を論ずるときに必要不可欠な要件である。

例1）「背の高い人の集まり」は集合ではない。

これは、要件1）が欠けているからである。

例2）「身長が170cm以上の人の集まり」は、集合である。

【定義33】 元の帰属

集合をAとし、対象aが集合Aの元であるとき、

$a \in A$ または $A \ni a$（書く順序を反対にして）

と表し、「aはAに**属する**」と読む。

対象aが集合Aの元でないとき、即ち$a \in A$の否定を

$a \notin A :=\neg(a \in A)$

と表し、「aはAに**属さない**」と読む。

【定義34】 元の個数、有限集合と無限集合

集合Aに属する元の個数を、$|A|$または $\#A$ で表す。

元の個数$|A|$が有限であるとき、

集合Aは**有限集合**であるといい、

元の個数$|A|$が無限であるとき、

集合Aは**無限集合**であるという。

【定義35】 空集合

元を1つも持たない集合も集合として扱い、これを**空集合**といい、ϕ で表す。

従って、空集合に対して、次の定理を得る。

【定理31】 空集合に対して成り立つ論理

どんな対象$\boldsymbol{x}$に対しても、$\boldsymbol{x} \in \phi$は成り立たない。

すなわち、恒偽命題である。$\boldsymbol{x} \in \phi \equiv \mathrm{O}$

どんな対象$\boldsymbol{x}$に対しても、$\boldsymbol{x} \notin \phi$は成り立つ。

すなわち、恒真命題である。$\boldsymbol{x} \notin \phi \equiv \mathrm{I}$

この意味において、空集合は論理の恒偽命題に対応する集合である。

【定義36】 特定の集合

数学でよく使用する特定の集合については、その記号が決められている。

自然数の集合	：$\mathbb{N}$	natural number の頭文字
整数の集合	：$\mathbb{Z}$	ドイツ語の数を表す Zahl の頭文字
有理数の集合	：$\mathbb{Q}$	商を表す quotient の頭文字
実数の集合	：$\mathbb{R}$	real number の頭文字
複素数の集合	：$\mathbb{C}$	complex number の頭文字
四元数の集合	：$\mathbb{H}$	四元数の創始者 Hamilton の頭文字

注）自然数には0を含める立場と含めない立場とがある。

【定義37】 変数と変域

集合をAとし、Aを代表する元をxとするとき、代表元xのことを（A上の）**変数**といい、集合Aを変数xの**変域**という。

すなわち、変域とは、変数が採りうる値の範囲のことをいう。

このことを指して、単に「**xはA上を動く**」という。

以下の節では、簡単のために、集合をすべて有限集合として扱うものとする。無限論を展開するのは本書の意図ではないからである。

§4.2 集合の表し方

集合の表し方には列記法と説明法の2通りの方法がある。列記法は集合を簡単に表す場合に適し、説明法は正確に表せる特徴がある。

集合の性質に応じて、好ましい表記の仕方が随時使い分けられる。

1）列記法と略記法

その名が示す通り、集合Aの元を中括弧$\{\quad\}$の中に、コンマ（,）で区切って、すべての元を記載して集合を表す方法を**列記法**という。

＜例＞ 15以下の正の奇数の集合：$A=\{1, 3, 5, 7, 9, 11, 13, 15\}$

集合の一部だけを記載して、それから残りを「……」で類推させる列記法を**略記法**という。略記法で集合を表す場合、誰が見ても推測が可能なものでなければならない。

＜例1＞ 15以下の正の奇数の集合：$A=\{1, 3, 5, \cdots\cdots, 15\}$

自然数の集合：$\mathbb{N}=\{1, 2, 3, \cdots\cdots\}$

＜例2＞ $\{1, 3, 8, \cdots\cdots\}$ などは、これだけではどういう集合か類推できないので不適当。もう少し追加することが必要である。

2）説明法

定義32-1によって、ある集合Aにはその範囲を定めている条件が必ず存在する。この条件は、一般的に「集合の性質」とか、「集合の特徴」などである。

変数xを用いて集合の条件を表すとき、この条件を$P(x)$と書くと、条件$P(x)$を満すようなxの全体というものは集合Aそのものを表すことになる。

中括弧$\{\quad\}$の中に、集合の代表元xと、集合の範囲を決定づける条件$P(x)$を、縦棒（|）やセミコロン（；）で区切って、記載する方法を**説明法**という。一般的に、

$A=\{x \mid P(x)\}$、あるいは　$A=\{x\,;\,P(x)\}$

のように表す。

説明法は、列記法では表せない集合や、集合を条件で表すのがふさわし

い場合によく用いられる方法である。条件をいちいち挙げて書くのは結構面倒だが、集合を厳密に表現できるのが最大の特徴であり、列記法よりも一般的である。

<例 1> 15以下の正の奇数の集合を説明法で表すと、

$A = \{x \mid 0 < x \leqq 15,\ x = 2n - 1,\ n \in \mathbb{N}\}$

注）$x = 2n - 1,\ n \in \mathbb{N}$ はxが奇数であることを示す。

<例 2> 身長が170 cm以上の人の集合を説明法で表すと、

$A = \{x \mid 170 \leqq x,\ x$は人の身長（単位はcm)$\}$

§4.3 集合の同等

集合AとBがあって、「AとBが等しい（すなわち、等号で結ばれる)」とはどういうことであろうか。

それは、「集合を構成する元がまったく同じである」ことである、ということに誰も異論はないであろう。それはまた同時に、集合の範囲を決めている条件式が同じになるということでもある。

なぜなら、条件式が同じであれば、集合の元は同じとなるからである。このことは、取りも直さず、集合の同等の本質は、「元が同じである」ことを意味している。

従って、集合の同等を示すためには、集合の条件式が同じであることを示してもよいし、それが困難な場合には、直接的にAの元とBの元がまったく同じものであることを示してもよい。

<例> 3以上10以下の素数の集合：$A = \{x \mid 3 \leqq x \leqq 10,\ x$は素数$\}$

3以上7以下の奇数の集合：$B = \{x \mid 3 \leqq x \leqq 7,\ x$は奇数$\}$

これらの集合は、集合の条件は異なっているけれども、いずれも$\{3, 5, 7\}$であり、実体としては、まったく同じ集合であることは誰もが納得することであろう。

従って、「同じ元からなる」を論理の言葉で言い換えて、次の定義をする。

【定義38】 集合の同等

集合AとBがあって、Aの任意の元は必ずBの元となっており、逆にBの任意の元は必ずAの元となっているとき、集合AとBは**等しい**といい、$A = B$で表す。

すなわち、論理の言葉で表すと、任意の対象xに対して、

$$x \in A \Leftrightarrow x \in B$$

が成り立つとき、$A = B$ であるという。

今、集合の範囲を決定付ける2つの条件$p(x)$と$q(x)$を

$$p(x) := x \in A、q(x) := x \in B$$

とし、集合AとBを

$$A := \{x \mid p(x) \equiv \mathrm{I}\}、B := \{x \mid q(x) \equiv \mathrm{I}\}$$

とすれば、説明法によって、集合AとBは

集合A：条件$p(x)$が成り立つようなxの全体

集合B：条件$q(x)$が成り立つようなxの全体

を表すことになる。

よって、$p(x)$と$q(x)$は述語とみなせるから、全称命題と同値となる。

$$\{x \mid p(x) \equiv \mathrm{I}\} = \forall x \in A\ [p(x)]$$

$$\{x \mid q(x) \equiv \mathrm{I}\} = \forall x \in A\ [q(x)]$$

従って、定義38は、

「$p(x) \Leftrightarrow q(x)$ が成り立つならば、$A = B$である」

と述べているのである。ここで定理18を思い出すと、

$p(x) \Leftrightarrow q(x)$ は、$p(x) \equiv q(x)$ が成り立つための必要十分条件であった。それゆえに、定義38は、また集合の条件$p(x)$と$q(x)$ が論理同値（$p(x) \equiv q(x)$）であれば、集合の同等性（$A = B$）が成り立つことを示しており、妥当な定義となっていることが分かる。

注1）集合は元の記載順序に依存しない。

集合AとBを、$A = \{\mathrm{b}, \mathrm{c}, \mathrm{a}\}$、$B = \{\mathrm{a}, \mathrm{b}, \mathrm{c}\}$　と置いて、

$A = B$を示す。

AとBをそれぞれ、説明法で記述すると、

$$A = \{x \mid x = \mathrm{b} \vee x = \mathrm{c} \vee x = \mathrm{a}\}$$

$$B = \{x \mid x = \mathrm{a} \vee x = \mathrm{b} \vee x = \mathrm{c}\}$$

集合条件を論理和の交換律（定理3-1）によって、同値変形すると、

$$(x = \mathrm{b} \vee x = \mathrm{c} \vee x = \mathrm{a}) \equiv (x = \mathrm{a} \vee x = \mathrm{b} \vee x = \mathrm{c})$$

よって、AとBの集合条件が同値であるから、$A = B$である。

注2）集合は元の重複記載に依存しない。

集合AとBを、$A = \{1, 1, 1, 2, 4, 4\}$、$B = \{1, 2, 4\}$ とおいて、

$A = B$を示す。AとBをそれぞれ、説明法で記述すると、

$$A = \{x \mid x = 1 \vee x = 1 \vee x = 1 \vee x = 2 \vee x = 4 \vee x = 4\}$$

$$B = \{x \mid x = 1 \vee x = 2 \vee x = 4\}$$

Aの集合条件を論理和の巾等律（定理2-1）によって、同値変形すると、

$$(x = 1 \vee x = 1 \vee x = 1 \vee x = 1 \vee x = 2 \vee x = 4 \vee x = 4)$$
$$\equiv (x = 1 \vee x = 2 \vee x = 4)$$

よって、AとBの集合条件が同値であるから、$A = B$である。

§4.4 部分集合

部分集合は、ある集合が別の集合の一部分となっている場合をいう言葉であって、集合と集合の関係を論ずる際には必要不可欠の概念である。後述するように、部分集合は論理の演繹に対応する集合の関係であり、非常に重要である。
部分とは全体に含まれるものを指す言葉である。言葉の意味に従うと、部分に属するものは必ず全体に含まれることになる。
従って、次の定義をする。

【定義39】 部分集合
集合AとΩがあって、Aの任意の元がΩの元であるとき、
AをΩの**部分集合**といい、記号$\subset$（または$\supset$）を用いて、
　$A \subset \Omega$　または、（逆向きにして）　$\Omega \supset A$
で表す。これを、
　「AはΩに**含まれる**」または「AはΩに**包まれる**」
主語を逆にして、
　「ΩはAを**包含する**」または「ΩはAを**包む**」
と読む。

従って、部分集合を論理の言葉で言い換えると、集合Aの任意の元$\boldsymbol{x}$に対して、演繹

$$\forall \boldsymbol{x} \in A \quad \Rightarrow \quad \boldsymbol{x} \in \Omega$$

が成り立つとき、「AはΩの部分集合である」という。すなわち、

$$A \subset \Omega$$

である。

上記の対比によって、

論理の演繹記号（⇒）は、集合の包含記号（⊂）に対応するものであることが理解される。

集合の条件が成り立つ範囲を円の内部で表し、視覚的に集合を理解するための図形を**ベン図**という。

部分集合の状態を示すベン図

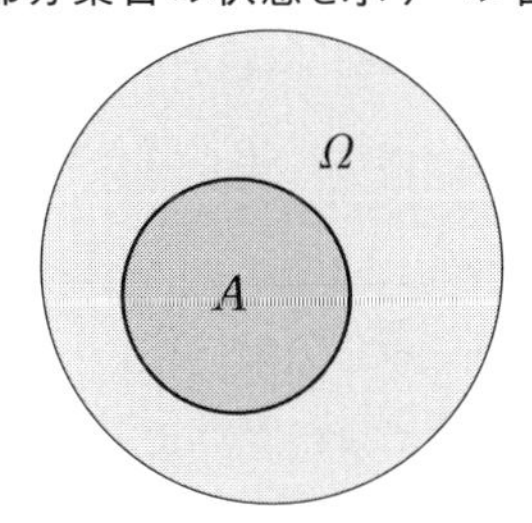

AがΩに包まれているようすが分かる

注1）集合Aはそれ自身の部分集合でもある。

すなわち、$A \subset A$

なぜなら、Aの任意の元xに対して、$x \in A \Rightarrow x \in A$であるから。

注2）空集合ϕは、すべての集合に対して、その部分集合である。

すなわち、$\phi \subset A$

なぜなら、任意の集合Aに対して、$x \in \phi \Rightarrow x \in A$であるから。

$$x \in \phi \to x \in A \equiv \neg(x \in \phi) \vee x \in A \qquad (\because 定理11)$$
$$\equiv \neg \mathrm{O} \vee x \in A \qquad (\because 定理31)$$
$$\equiv \mathrm{I} \vee x \in A \qquad (\because 定理8-2)$$
$$\equiv \mathrm{I} \qquad (\because 定理10-1)$$

定義39に対して定義38を用いれば、次の定理が成り立つ

【定理32】 包含関係による集合の同等性

集合AとBに関して、それらが互いに他の部分集合となっていれば、AとBは等しい。

$$A=B \quad \Leftrightarrow \quad (A \subset B) \wedge (B \subset A)$$

(証明：⇒) 定義38により、$x \in A \Rightarrow x \in B$ かつ $x \in B \Rightarrow x \in A$

よって、定義39により、$A \subset B$ かつ $B \subset A$が成り立つ。

$$\therefore A \subset B \wedge B \subset A$$

(証明：⇐) $A \subset B \wedge B \subset A$であるから、$A \subset B$ かつ $B \subset A$。

定義39により、$x \in A \Rightarrow x \in B$かつ$x \in B \Rightarrow x \in A$

が成り立つ。従って、定義38により、$A=B$

このように、集合が等しいことを示すには、互いに他の部分集合となっていることを示すのが、普通の証明の仕方である。

【定理33】 包含関係の推移律

集合A, B, Cに関して、包含関係の**推移律**が成り立つ。

$$(A \subset B) \wedge (B \subset C) \quad \Rightarrow \quad A \subset C$$

(証明) 定義39により、集合Aの任意の元xに対して、

$$x \in A \Rightarrow x \in B \quad \text{かつ} \quad x \in B \Rightarrow x \in C$$

が成り立つから、定理16の系によって、$x \in A \Rightarrow x \in C$が成り立つ。

すなわち、定理33は、論理における三段論法（定理16）を集合に適用したものといえる。

第5章　集合の演算

§5.1　合併集合

集合と集合の演算のうち、和(いわゆる足し算)とは何かを定義する。
集合の和とは、両者の元を足し合わせた集合であるから、両者の元からなる集合であるといえる。
従って、論理の言葉「または」を用いて、次のように定義できる。

【定義40】　合併集合　記号∪
集合AとBに対して、どちらか一方に属する元の全体を、
　AとBの**合併集合**、または**和集合**
といい、記号∪を用いて、$A \cup B$　で表す。

合併集合を説明法で書き表すと、
$$A \cup B := \{x \mid x \in A \vee x \in B\}$$
である。

記号∪は容器を意味する英語cupの形からから来ており、「カップ」と読む。

合併集合のベン図

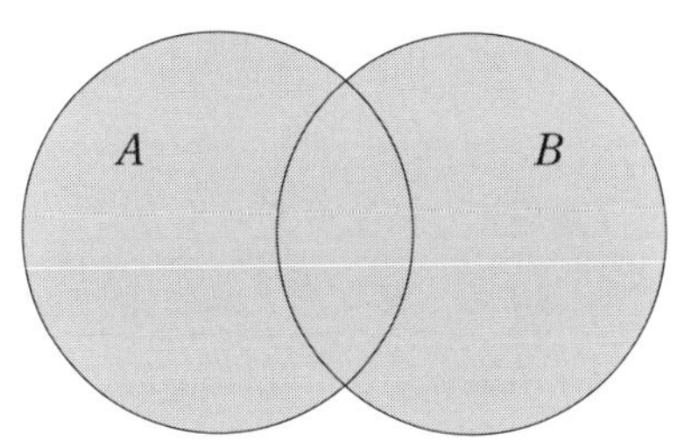

あみかけ部分が合併集合を表す

＜例１＞ 10以下の３の倍数の集合

$A = \{x \mid 0 < x \leqq 10,\ x = 3n,\ n \in \mathbb{N}\} = \{3, 6, 9\}$

10以下の２の倍数の集合

$B = \{x \mid 0 < x \leqq 10,\ x = 2n,\ n \in \mathbb{N}\} = \{2, 4, 6, 8, 10\}$

とすると、合併集合は、$A \cup B = \{2, 3, 4, 6, 8, 9, 10\}$

この合併集合は、以下のようにして論理式から導くことができる。

$$\begin{aligned} A \cup B &= \{x \mid 0 < x \leqq 10,\ x = 3n,\ n \in \mathbb{N}\} \\ &\qquad \vee \{x \mid 0 < x \leqq 10,\ x = 2n,\ n \in \mathbb{N}\} \\ &= \{x \mid 0 < x \leqq 10,\ x = 3n \vee x = 2n,\ n \in \mathbb{N}\} \\ &= \{2, 3, 4, 6, 8, 9, 10\} \end{aligned}$$

＜例２＞ 正の偶数の集合

$A = \{x \mid 0 < x,\ x = 2n,\ n \in \mathbb{N}\} = \{2, 4, 6, \cdots\cdots\}$

正の奇数の集合

$B = \{x \mid 0 < x,\ x = 2n - 1,\ n \in \mathbb{N}\} = \{1, 3, 5, \cdots\cdots\}$

とすると、合併集合$A \cup B = \{1, 2, 3, \cdots\cdots\} = \mathbb{N}$

この合併集合は、以下のようにして論理式から導くことができる。

$$\begin{aligned} A \cup B &= \{x \mid 0 < x, x = 2n, n \in \mathbb{N}\} \vee \{x \mid 0 < x, x = 2n - 1, n \in \mathbb{N}\} \\ &= \{x \mid 0 < x,\ (x = 2n) \vee (x = 2n - 1),\ n \in \mathbb{N}\} \\ &= \{x \mid 0 < x,\ \mathrm{I},\ n \in \mathbb{N}\} = \{x \mid 0 < x,\ x \in \mathbb{N}\} = \mathbb{N} \end{aligned}$$

集合の条件を示す部分がちょうど「論理和」になっているので、合併集合の記号∪は、論理和の記号∨に対応するものと考えるとよい。（下側の先端の形が丸いだけ）この意味で「和集合」とも呼ばれるのである。

従って、論理和に関して成り立つ法則

　　定理２−１の巾等律、定理３−１の交換律、定理４−１の結合律
はすべて、合併集合においても成り立つ。

すなわち、論理和の記号$\vee$を合併集合の記号$\cup$に置き換えて、次の定理を得る。

【定理34】　合併集合に成り立つ法則

1）巾等律　$A \cup A = A$　（定理２−１に対応）

2）交換律　$A \cup B = B \cup A$　（定理３−１に対応）

3）結合律　$(A \cup B) \cup C = A \cup (B \cup C)$　（定理４−１に対応）

4）$\phi \cup A = A$　（定理10−１に対応）

同様に、定理14−１と定理17−１は、演繹$\Rightarrow$を$\subset$に置き換えて、次の定理を得る。

【定理35】　合併集合の包含関係

1）$A \subset (A \cup B)$,　$B \subset (A \cup B)$　（定理14−１に対応）

2）$A \subset C$かつ$B \subset C \;\Rightarrow\; (A \cup B) \subset C$　（定理17−１に対応）

3）$A \subset B \;\Leftrightarrow\; A \cup B = B$

4）$A \subset B \;\Rightarrow\; (A \cup C) \subset (B \cup C)$　（定理15−２に対応）

§5.2 交差集合

集合と集合の演算の内、積（いわゆる掛け算）とは何かを定義する。
集合での積とは集合の元同士の掛け算ではなくて、両方が重なり合う（交差する）部分を指す。
従って、論理の言葉「かつ」を用いて、次のように定義できる。

【定義41】 交差集合 記号∩
集合AとBに対して、その両方の集合に属する元の全体を、

AとBの**交差集合**、または**共通集合**、または**積集合**

といい、記号∩を用いて、$A \cap B$ で表す。

交差集合を説明法で書き表すと、

$$A \cap B := \{x \mid x \in A \wedge x \in B\}$$

である。

また、交差集合は、Bの元であるようなAの元の全体ともいえるので

$$A \cap B := \{x \in A \mid x \in B\}$$

とも記述できる。記号∩は帽子を意味する英語のcapの形から来ており、「キャップ」と読む。

交差集合のベン図

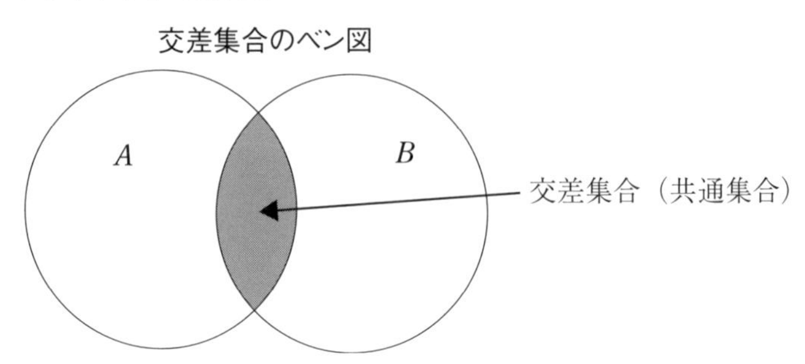

合併集合の例1と例2の同じ集合で、交差集合を考えてみよう。

<例1の場合>　$A \cap B = \{6\}$

交差集合は、以下のようにして論理式から導くことができる。

$$
\begin{aligned}
A \cap B &= \{x \mid 0 < x \leqq 10,\ x = 3n,\ n \in \mathbb{N}\} \wedge \\
&\qquad \{x \mid 0 < x \leqq 10,\ x = 2n,\ n \in \mathbb{N}\} \\
&= \{x \mid 0 < x \leqq 10,\ (x = 3\mathrm{n}) \wedge (x = 2\mathrm{n}),\ n \in \mathbb{N}\} \\
&= \{x \mid 0 < x \leqq 10,\ x = 6n,\ n \in \mathbb{N}\} \\
&= \{6\}
\end{aligned}
$$

<例2の場合>　共通する元は存在しないから、$\mathrm{A} \cap \mathrm{B} = \phi$

同様に、これを以下のように論理式から導くことができる。

$$
\begin{aligned}
A \cap B &= \{x \mid 0 < x, x = 2n, n \in \mathbb{N}\} \wedge \{x \mid 0 < x, x = 2n - 1, n \in \mathbb{N}\} \\
&= \{x \mid 0 < x,\ (x = 2n) \wedge (x = 2n - 1),\ n \in \mathbb{N}\}
\end{aligned}
$$

条件式は $(x = 2n) \wedge (x = 2n - 1) \equiv \mathbf{O}$（恒等的に偽）であるから、そのような元は存在しない。すなわち空集合である。

$$\therefore\quad A \cap B = \phi$$

集合の条件を示す部分がちょうど「論理積」となっているので、交差集合の記号∩は、論理積の記号∧に対応するものと考えるとよい。（上側の先端が丸いだけ）。この意味で「積集合」とも呼ばれる。

従って、論理積に関して成り立つ法則

　　　定理2-2の巾等律、定理3-2の交換律、定理4-2の結合律

はすべて、交差集合においても成り立つ。

すなわち、論理積の記号∧を交差集合の記号∩に置き換えて、次の定理を得る。

【定理36】 交差集合に成り立つ法則

1） 巾等律 $A \cap A = A$ （定理2−2に対応）

2） 交換律 $A \cap B = B \cap A$ （定理3−2に対応）

3） 結合律 $(A \cap B) \cap C = A \cap (B \cap C)$ （定理4−2に対応）

4） $\phi \cap A = \phi$ （定理10−2に対応）

同様に、定理14−2と定理17−2は、演繹⇒を⊂に置き換えて、次の定理を得る。

【定理37】 交差集合の包含関係

1） $(A \cap B) \subset A,\quad (A \cap B) \subset B$ （定理14−2に対応）

2） $C \subset A$ かつ $C \subset B \Rightarrow C \subset (A \cap B)$ （定理17−2に対応）

3） $A \subset B \Leftrightarrow A \cap B = A$

4） $A \subset B \Rightarrow (A \cap C) \subset (B \cap C)$ （定理15−3に対応）

さらに、定理5の論理の分配律で、∨→∪、∧→∩に置き換えて、集合の分配律を得る。

【定理38】 分配律

1） $A \cup (B \cap C) \equiv (A \cup B) \cap (A \cup C)$ （定理5−1に対応）

2） $A \cap (B \cup C) \equiv (A \cap B) \cup (A \cap C)$ （定理5−2に対応）

【定義42】 交わる・互いに素

集合AとBの交差集合が空集合でないとき、

AとBは「**交わる**」

といい、空集合であるとき、

AとBは「**交わらない**」または「**互いに素である**」

または「**非交差**である」

という。

すなわち、$A \cap B \neq \phi \Rightarrow$ 「交わる」

$A \cap B = \phi \Rightarrow$ 「交わらない」または「互いに素である」

【定義43】 直和

集合AとBが互いに素であるとき、AとBの合併集合を

AとBの**直和**、または**非交和**であるといい、

記号 $\sqcup$ を用いて、$A \sqcup B$で表す。

すなわち、$A \cap B = \phi \Rightarrow A \cup B := A \sqcup B$

注）非交和とは文字通り、「交わっていない集合の和」である。

直和は、ベクトル空間などの理論でよくつかわれる重要な概念である。

ただし、ベクトル空間の直和には、記号として $\oplus$ が用いられる。

ベクトル空間XとYの直和をX$\oplus$Yと表す。

数a_i（$i = 1, 2, \cdots\cdots, n$）の総和に関して、

$$\sum_{i=1}^{n} a_i = a_1 + a_2 + \cdots\cdots + a_n$$

と書くのにならって、集合A_1, A_2, ……, A_nの合併集合、交差集合、および直和については、通常次のように記述する。

合併集合　$\bigcup_{i=1}^{n} A_i := A_1 \cup A_2 \cup \cdots\cdots \cup A_n$

直和　$\bigsqcup_{i=1}^{n} A_i := A_1 \sqcup A_2 \sqcup \cdots\cdots \sqcup A_n$

交差集合　$\bigcap_{i=1}^{n} A_i := A_1 \cap A_2 \cap \cdots\cdots \cap A_n$

また、添数集合が$\Lambda = \{1, 2, \cdots\cdots, n\}$で与えられているときは、

合併集合　$\cup_{\lambda \in \Lambda} A_\lambda := A_1 \cup A_2 \cup \cdots\cdots \cup A_n$

直和　$\sqcup_{\lambda \in \Lambda} A_\lambda := A_1 \sqcup A_2 \sqcup \cdots\cdots \sqcup A_n$

交差集合　$\cap_{\lambda \in \Lambda} A_\lambda := A_1 \cap A_2 \cap \cdots\cdots \cap A_n$

と書く。

§5.3　差集合

集合AとBの差とは何かを定義する。通常の意味では、Aの元の中からBに属する元を除いた集合を差集合という。

この意味で差集合を論理の言葉を用いて定義できる。

【定義44】　差集合

集合AとBに対して、一方の集合Aの元から他方の集合Bの元を除いた元の全体を、AとBの**差集合**といい、$A - B$で表す。

この集合を説明法で書き表すと、次のようになる。

$$A - B := \{x \mid x \in A \land x \notin B\}$$

$$B - A := \{x \mid x \in B \land x \notin A\}$$

また、差集合$A-B$は、Bの元でないようなAの元の全体であるから、

$$A-B := \{x \in A \mid x \notin B\}$$

とも記述できる。

差集合のベン図

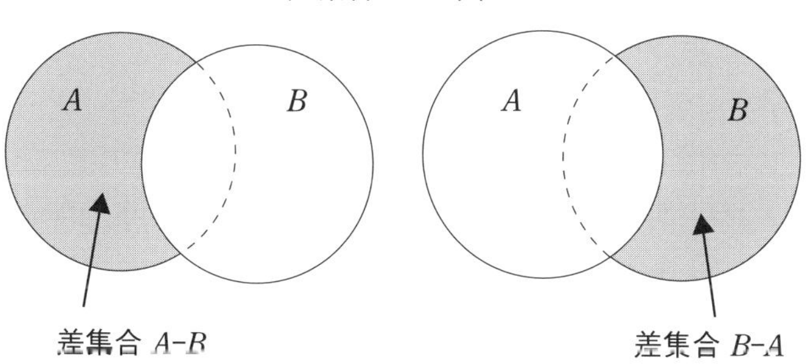

【定理39】 **和集合と差集合の元の個数**

集合AとB、およびその交差集合$A \cap B$のそれぞれの元の個数を、定義34に従って、$|A|$, $|B|$, $|A \cap B|$とすれば、

合併集合：$A \cup B$の元の個数は、

AとBが交わるとき、すなわち、$A \cap B \neq \phi$ のとき

$$|A \cup B| = |A| + |B| - |A \cap B|$$

AとBが互いに素であるとき、すなわち、$A \cap B = \phi$ のとき

$$|A \cup B| = |A| + |B| \quad (\because |A \cap B| = 0)$$

差集合：$A-B$の元の個数は、

$$|A-B| = |A| - |A \cap B|$$

となる。

【定理40】 差集合で成り立つ法則

集合AとBが、Ωの部分集合となっているとき

1）$\Omega-(A\cup B) = (\Omega-A)\cap(\Omega-B)$

2）$\Omega-(A\cap B) = (\Omega-A)\cup(\Omega-B)$

が成り立つ。

（証明1） $x\in (A\cup B) \equiv x\in A\vee x\in B$　（∵定義40）

$\therefore x\notin (A\cup B) \equiv \neg(x\in A\vee x\in B)$　（∵定義33）

$\equiv \neg(x\in A)\wedge\neg(x\in B)$　（∵ド・モルガン）

$\equiv x\notin A\wedge x\notin B$　（∵定義33）

左辺$\equiv x\in\Omega\wedge x\notin (A\cup B)$　（∵定義44）

$\equiv x\in\Omega\wedge x\in\Omega\wedge x\notin (A\cup B)$　（∵巾等律）

$\equiv x\in\Omega\wedge x\in\Omega\wedge(x\notin A\wedge x\notin B)$

$\equiv (x\in\Omega\wedge x\notin A)\wedge(x\in\Omega\wedge x\notin B)$　（∵交換律と結合律）

$\equiv x\in(\Omega-A)\wedge x\in(\Omega-B)$　（∵定義44）

≡右辺

（証明2） $x\in (A\cap B)\equiv x\in A\wedge x\in B$　（∵定義41）

$\therefore x\notin (A\cap B)\equiv\neg(x\in A\wedge x\in B)$　（∵定義33）

$\equiv\neg(x\in A)\vee\neg(x\in B)$　（∵ド・モルガン）

$\equiv x\notin A\vee x\notin B$　（∵定義33）

左辺$\equiv x\in\Omega\wedge x\notin(A\cap B)$　（∵定義44）

$\equiv x\in\Omega\wedge(x\notin A\vee x\notin B)$

$\equiv (x\in\Omega\wedge x\notin A)\vee(x\in\Omega\vee x\notin B)$　（∵分配律）

$\equiv x\in(\Omega-A)\wedge x\in(\Omega-B)$　（∵定義44）

≡右辺

定理40の各等式の成立を示すベン図

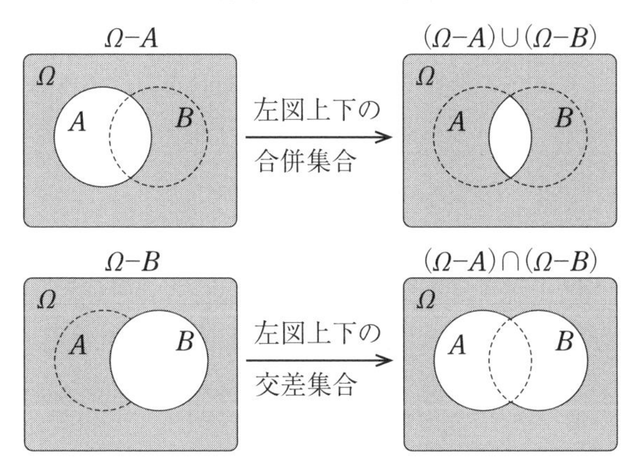

右上図は$\Omega-(A\cap B)$ のベン図に同じ。
右下図は$\Omega-(A\cup B)$ のベン図に同じ。
ただし、あみかけ部分が当該の集合を示す。

§5.4　普遍集合

数学において集合を議論するとき、考察の対象となっている集合Aがある集合Ωの部分集合となっている場合が多い。なぜなら、議論や考察は、何らかの範囲に限定して行われ、範囲が無制限に広がらないようにするのが通常であるためである。

例えば、「方程式$2x^2+3x+2=0$の解を求めよ」、という問題があったとする。中学生であれば、複素数を学習していないから、何も書かれていなくても解は実数の範囲から求めるので、解は存在しないというのが正解となる。

しかし、既に複素数を学習している高校生であれば、複素解として2つの解を答えなくてはならない。

このように、中学生であれば実数の範囲、高校生であれば複素数を含む範囲という枠が、背後に存在しているのである。集合を考察するに際しては、このような枠組みのことを**普遍集合**または**全体集合**という。

普遍集合は、ギリシャ文字の最後の文字オメガの大文字Ωや「普遍」を意味する英語Universalの頭文字U、あるいは、アルファベットのX（大文字）で表すことが多い。

なぜこのような集合を考えるのかというと、空集合が恒偽命題に対応していたように、恒真命題に対応する集合が必要なためである。それがこの普遍集合なのである。この状況は、次の補集合で明らかになる。

§5.5　補集合

補集合は、ちょうど、論理における「……でない」という否定の概念に対応する集合であって、とても重要なものである。ド・モルガンの法則（定理7）などはこの集合がなければ表現できない。

補集合は、集合Aの元でない元の全体であって、普遍集合を用いて、次のように定義される。

【定義45】　補集合

集合Aに対して普遍集合Ωがあって、AがΩの部分集合となっているとき、差集合$\Omega - A$のことをAの**補集合**といい、A^cで表す。

すなわち、$A^c := \Omega - A$

補集合を説明法で書き表すと、次のようになる。

$A^c = \{ x \mid x \in \Omega \wedge x \notin A \}$　または　$A^c = \{ x \in \Omega \mid x \notin A \}$

と書ける。

また、普遍集合Ωの任意の元xに対しては、$x \in \Omega$は明らかなので、これを省略して、

$$A^c = \{ x \mid x \notin A \}$$

とも書ける。

なお、右上の添字(そえじ)cは、「補」を意味するcomplementaryの頭文字に由来する。

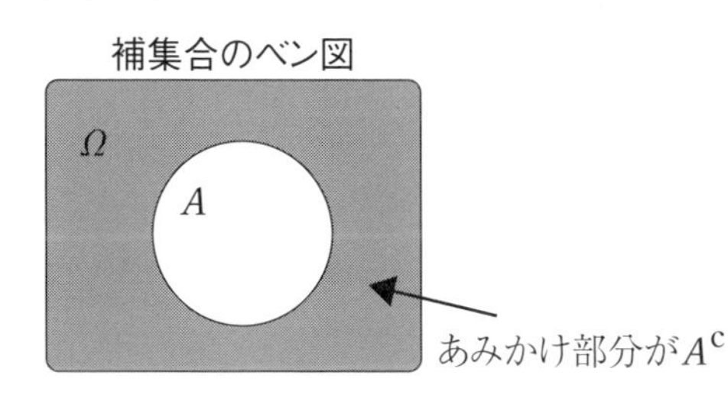

Aの元でないことがよく理解されるであろう。

【定理41】 普遍集合と空集合の補集合

普遍集合をΩとすると、

$$\Omega^c = \phi, \quad \phi^c = \Omega$$

が成り立つ。

(証明1) $x \in \Omega^c \equiv x \in \Omega \wedge x \notin \Omega$ (∵定義45)

$\equiv x \in \Omega \wedge \neg (x \in \Omega)$ (∵定義33)

$\equiv \mathrm{O}$ (∵矛盾律)

$\equiv x \in \phi$ (∵定理31)

(証明2) $x \in \phi^c \equiv x \in \Omega \wedge x \notin \phi$ (∵定義45)

$\equiv x \in \Omega \wedge \mathrm{I}$ (∵定理31)

$\equiv x \in \Omega$ (∵定理10-2)

説明法の定義に基づく厳密な証明は以上の通りであるが、補集合は普遍集合との差集合で定義されていることを用いると、以下のように直観的に理解できる。

普遍集合Ωは普遍集合Ωの部分集合でもあった（定義39の注1）から、

$\Omega^{c} = \Omega - \Omega = \phi$ （∵差集合の元は1つも存在しないから空集合）

空集合ϕも普遍集合Ωの部分集合でもあった（定義39の注2）から、

$\phi^{c} = \Omega - \phi = \Omega$（∵空集合を差し引いても、元は変わらずもとのまま）

また、証明の過程で、$x \in \Omega^{c} \equiv \mathrm{O}$ が得られている。

しかるに、 $x \in \Omega \equiv \neg(x \in \Omega^{c})$ であるから、

$\therefore \quad x \in \Omega \equiv \neg \mathrm{O} \equiv \mathrm{I}$

これが、普遍集合Ωが恒真命題に対応する集合であることの根拠である。

【定理42】 集合における二重否定の法則

$$(A^{c})^{c} = A$$

（証明） 補集合の定義45により、$x \in A^{c} \equiv x \in \Omega \wedge x \notin A$

$\therefore x \in (A^{c})^{c} \equiv x \in \Omega \wedge (\neg(x \in \Omega \wedge x \notin A))$

$\equiv x \in \Omega \wedge (\neg(x \in \Omega) \vee (\neg x \notin A))$ （∵ド・モルガン）

$\equiv x \in \Omega \wedge (x \in \phi \vee x \in A)$ （∵定理29）

$\equiv x \in \Omega \wedge (\mathrm{O} \vee x \in A)$ （∵定理20）

$\equiv x \in \Omega \wedge (x \in A)$ （∵定理10-1）

$\equiv x \in A$

説明法の定義に基づく厳密な証明は以上の通りであるが、補集合は普遍集合との差集合で定義されていることを用いて、以下のことを証明しているのである。

$$(A^{c})^{c} = \Omega - (\Omega - A) = A$$

【定理43】 補集合の性質

集合をAとし、その補集合をA^cとすると、

1）$A \cup A^c = \Omega$　　（定理9－1の排中律に対応）

2）$A \cap A^c = \phi$　　（定理9－2の矛盾律に対応）

が成り立つ。

（証明1） 合併集合の定義40により、$x \in (A \cup A^c) \equiv x \in A \vee x \in A^c$

補集合の定義45により、$x \in A^c \equiv x \in \Omega \wedge x \notin A$

$\therefore x \in (A \cup A^c) \equiv x \in A \vee (x \in \Omega \wedge x \notin A)$

$\equiv (x \in A \vee x \in \Omega) \wedge (x \in A \vee x \notin A)$　　（∵分配律）

しかるに、定義22により、$x \notin A \equiv \neg x \in A$であるから

$x \in A \vee x \notin A \equiv x \in A \vee \neg(x \in A) \equiv \mathrm{I}$　　（∵排中律）

$\therefore\ x \in A \cup A^c \equiv x \in A \vee x \in \Omega$　　（∵定理10－2）

AはΩの部分集合であるから、定義28によって、$x \in A \Rightarrow x \in \Omega$

$\therefore\ x \in A \cup A^c \equiv x \in \Omega \vee x \in \Omega$

$\equiv x \in \Omega$　　（∵巾等律）

（証明2） 交差集合の定義41により、$x \in A \cap A^c \equiv x \in A \wedge x \in A^c$

補集合の定義45により、$x \in A^c \equiv x \in \Omega \wedge x \notin A$

$\therefore x \in A \cup A^c \equiv x \in A \wedge (x \in \Omega \wedge x \notin A)$

$\equiv (x \in \Omega) \wedge (x \in A \wedge x \notin \mathrm{A})$　　（∵結合律）

しかるに、定義33により、$x \notin A \equiv \neg x \in A$であるから

$x \in A \wedge x \notin A \equiv x \in A \wedge \neg(x \in A) \equiv \mathrm{O}$　　（∵矛盾律）

$\therefore\ x \in A \cap A^c \equiv \phi$　　（∵定理31）

定理7の論理のド・モルガンの法則で、$\vee \to \cup$、$\wedge \to \cap$、$\neg \to {}^c$に置きかえて、集合におけるド・モルガンの法則を得る。

【定理44】 ド・モルガンの法則（de Morgan's law）

1）合併集合の補集合：$(A \cup B)^c = A^c \cap B^c$

2）交差集合の補集合：$(A \cap B)^c = A^c \cup B^c$

集合の演算法則を用いた証明をすると、

(証明1) $(A \cup B)^c = \Omega - (A \cup B)$ （∵定義45）

$= (\Omega - A) \cap (\Omega - B)$ （∵定理40-1）

$= A^c \cap B^c$ （∵定義45）

(証明2) $(A \cap B)^c = \Omega - (A \cap B)$ （∵定義45）

$= (\Omega - A) \cup (\Omega - B)$ （∵定理40-2）

$= A^c \cup B^c$ （∵定義45）

§5.6 直積集合

集合AとBに対して、その関係を論ずるときに、Aの元aとBの元bの組(a, b)を元とする集合を考える必要がある。この組は順序対と呼ばれるもので、順序対を元とする集合は直積集合と呼ばれ、多くの場面で現れる大変重要な集合である。

【定義46】 順序対

A、Bを集合とするとき、Aの任意の元aとBの任意の元bの順序づけられた組をAとBの**順序対**といい、

(a, b) または $< a, b >$ で表す。

代数的には、aを第1成分、bを第2成分といい、

幾何的には、aを第1座標、bを第2座標という。

順序対(a, b)はaが第1で、bが第2という順序が付けられている。
ちょうど、xy平面において、点$(1, 2)$と点$(2, 1)$とが異なる点を表すように、(a, b)と(b, a)は異なる順序対を表す。

従って、順序対の同等に関して次の定義をする。

【定義47】 順序対の同等性

順序対(a, b)と(a', b')が等しいとは、

$$(a = a') \wedge (b = b')$$

であることをいう。

このような順序対を用いて、直積集合を次のように定義する。

【定義48】 直積集合

A、Bを集合とするとき、Aの任意の元xとBの任意の元yの順序対(x, y)の全体をAとBの**直積**（または**直積集合**）といい、

$$A \times B$$

で表す。この集合を説明法で書き表すと、

$$A \times B := \{(x, y) \mid x \in A \wedge y \in B\}$$

となる。

＜例＞ $A = \{1, 2, 3\}$、$B = \{a, b\}$とするとき、列記法で直積集合を表せば、

$A \times B = \{(1, a), (1, b), (2, a), (2, b), (3, a), (3, b)\}$である。

説明法では、$A \times B = \{(x, y) \mid x \in A,\ y \in B\}$である。

Aの元1に対しては、Bの元の2つの組合せがあり、

Aの元2に対しては、同様にBの元の2つの組合せがある。

……

これを図式的に表すと

$$\left.\begin{array}{ll} A\text{の元}1:(1,a),\ (1,b) & 2\text{通り} \\ A\text{の元}2:(2,a),\ (2,b) & 2\text{通り} \\ A\text{の元}3:(3,a),\ (3,b) & 2\text{通り} \end{array}\right\} 2\text{通り}\times 3 = 6\text{通り}$$

従って、直積集合の元の個数について、次の定理が得られる。

【定理45】 直積集合の元の個数

集合AとBの元の個数をそれぞれ$|A|$、$|B|$とするとき、

直積集合$A\times B$の元の個数は、

$$|A\times B| = |A|\cdot|B|$$

で与えられる。

一般に、A_1, A_2, ……, A_nを集合とするとき、A_iの元x_iのn個の順序対 $(x_1,\ x_2,\ \ldots\ldots,\ x_n)$ の全体を$A_1\times A_2\times\cdots\cdots\times A_n$で表す。

$$A_1\times A_2\times\cdots\cdots\times A_n$$
$$:=\{(x_1,\ x_2,\ \ldots\ldots,\ x_n)\mid x_i\in A_i\ (1\leqq i\leqq n)\}$$

特に、$A\times A$をA^2と略記する。同様にして、A^nが定義される。

$$A^n:=\{(x_1,\ x_2,\ \ldots\ldots,\ x_n)\mid x_i\in A\ (1\leqq i\leqq n)\}$$

とりわけ、集合Aが実数全体の集合$\mathbb{R}$である場合には、幾何学的に

$\mathbb{R}^2$ ：2次元平面

$\mathbb{R}^3$ ：3次元空間

$\mathbb{R}^n$ ：n次元空間

を表す。

【定理46】 直積集合に関する分配律

任意の集合A, B, Cについて

1）$A \times (B \cup C) = (A \times B) \cup (A \times C)$

2）$A \times (B \cap C) = (A \times B) \cap (A \times C)$

3）$A \times (B - C) = (A \times B) - (A \times C)$

が成り立つ。

（証明1） 左辺の集合の任意の元を（x, y）とすれば、定義48により、

$$(x,\ y) \in A \times (B \cup C) \equiv x \in A \wedge y \in (B \cup C)$$

しかるに、合併集合の定義40により、

$$y \in (B \cup C) \equiv y \in B \vee y \in C$$

$$\therefore\ (x,\ y) \in A \times (B \cup C) \equiv x \in A \wedge (y \in B \vee y \in C)$$

定理5−2の分配律により

$$\begin{aligned}(x,\ y) \in A \times (B \cup C) &\equiv (x \in A \wedge y \in B) \vee (x \in A \wedge y \in C) \\ &\equiv (x,\ y) \in (A \times B) \cup (x,\ y) \in (A \times C)\end{aligned}$$

（証明2） 左辺の集合の任意の元を（x, y）とすれば、定義48により、

$$(x,\ y) \in A \times (B \cap C) \equiv x \in A \wedge y \in (B \cap C)$$

しかるに、交差集合の定義41により、

$$y \in (B \cap C) \equiv y \in B \wedge y \in C$$

$$\therefore\ (x,\ y) \in A \times (B \cap C) \equiv x \in A \wedge (y \in B \wedge y \in C)$$

定理2−2の巾等律と定理3−2の交換律により

$(x,\ y) \in A \times (B \cup C) \equiv (x \in A \wedge y \in B) \wedge (x \in A \wedge y \in C)$

$\equiv (x,\ y) \in (A \times B) \cap (x,\ y) \in (A \times C)$

〔**注意**〕 交差集合の定義：$A \cap B = x \in A \wedge y \in B$ と

直積集合の定義：$A \times B = x \in A \wedge y \in B$

とは、論理的に同じであることに注意する。

(**証明3**) 右辺の集合の任意の元を $(x,\ y)$ とすれば、

差集合の定義44により、

$(x,\ y) \in ((A \times B) - (A \times C))$

$\equiv ((x,\ y) \in A \times B) \wedge \neg ((x,\ y) \in (A \times C))$

定義48により、

$\equiv (x \in A \wedge y \in B) \wedge \neg (x \in A \wedge y \in C)$

$\equiv (x \in A \wedge y \in B) \wedge (\neg x \in A \vee \neg (y \in C))$ （∵定理7−2）

$\equiv (x \in A \wedge y \in B) \wedge (x \notin A \vee y \notin C)$ （∵定義33）

定理5−2の分配律により

$\equiv ((x \in A \wedge y \in B) \wedge x \notin A) \vee ((x \in A \wedge y \in B) \wedge y \notin C)$

$\equiv (O \wedge y \in B)) \vee (x \in A \wedge (y \in B \wedge y \notin C))$ （∵定理9−2）

$\equiv O \vee (x \in A \wedge (y \in (B - C))$ （∵定理10−2）

$\equiv x \in A \wedge (y \in (B - C))$ （∵定理10−1）

$\equiv (x,\ y) \in (A \times (B - C))$ （∵定義48）

§5.7 巾集合

今までの節では、個別の対象を元とする集合を考えてきたが、ここでは集合を元とする集合、すなわち「集合の集合」を考える。

【定義49】 集合系
集合を元とする集合を集合系という。

【定義50】 巾集合
集合Aが与えられたとき、Aの部分集合が作る集合系、すなわち、Aの部分集合の全体をAの**巾集合**といい、

$\wp(A)$ または 2^A で表す。

巾集合は英語でpower set という。頭文字Pのドイツ文字（筆記体の大文字）$\wp$を用いている。

＜例1＞ 集合Aを$\{a, b\}$とする。§2.4の部分集合の注1と注2を思い出して、Aの部分集合を列記すると、次の4つ$(=2^2)$の集合となる。

$$\phi、\{a\}、\{b\}、\{a, b\}$$

従って、Aの巾集合$\wp(A)$を列記法で書くと、

$$\wp(A) = \{\phi, \{a\}, \{b\}, \{a, b\}\}$$

＜例2＞ 集合Aを$\{a, b, c\}$とする。同様に、Aの部分集合を列記すると、次の8つ（$=2^3$）の集合となる。

$$\phi、\{a\}、\{b\}、\{c\}、\{a, b\}、\{a, c\}、\{b, c\}、\{a, b, c\}$$

従って、Aの巾集合 $\wp(A)$ を列記法で書くと

$$\wp(A) = \{\phi, \{a\}, \{b\}, \{c\}, \{a, b\}, \{a, c\}, \{b, c\}, \{a, b, c\}\}$$

【定理47】 巾集合の元の個数

集合Aの元の個数を $|A|$ とすれば、Aの巾集合 $\wp(A)$ の元の個数は、$|\wp(A)| = 2^{|A|}$ で与えられる。

(証明) 上記の例から明らか。詳しい証明は、第8章の特性関数を参照。

これが巾集合を 2^A と表す根拠となっている。

【定義51】 集合族

巾集合 $\wp(A)$ の部分集合を**集合族**という。

集合族は、通常、ドイツ文字の大文字、$\mathfrak{A}$、$\mathfrak{B}$、$\mathfrak{C}$、……で表される。

§5.8 集合と論理の対応

集合と論理の対応関係を集合論のまとめとして述べておく。

	集合	論理	
表記	$\{x \mid p(x)\}$	$\forall x\ [p(x)]$	
元の表記	$x \in A$	p	（但し、$p := (\mathrm{x} \in \mathrm{A})$）
否定	$x \notin A$	$\neg p$	
等号	$A = B$	$p \equiv q$	（同値）
補集合	A^{c}	$\neg p$	（否定）
合併集合	$A \cup B$	$p \vee q$	（論理和）
交差集合	$A \cap B$	$p \wedge q$	（論理積）
部分集合	$A \subset B$	$p \Rightarrow q$	（演繹）
差集合	$A - B$	$p \wedge (\neg q)$	
空集合	ϕ	O	（恒偽命題）
普遍集合	Ω	I	（恒真命題）
	$A \cup A^{\mathrm{c}} = \Omega$	$p \vee (\neg p) \equiv \mathrm{I}$	（排中律）
	$A \cap A^{\mathrm{c}} = \phi$	$p \wedge (\neg p) \equiv \mathrm{O}$	（矛盾律）

このように、集合論は１対１の関係で論理に直結しており、論理の構造を反映するものである。近代の数学はこの集合論をベースに据(す)えており、数学の論理的な正しさを保証するものとなっている。

第２部第２章「述語論理」で説明したように、より複雑な内容を広範囲に記述できる述語論理という強力な論理を付け加え、近代数学にふさわしい論理的な道具が構築されたのである。

<付記>37ページの答え

$[(p \vee q) \Leftrightarrow (p \wedge q)] \Leftrightarrow (p \equiv q)$ が意味するものは何か。

これを集合の言葉で書くと、

$$(A \cup B \Leftrightarrow A \cap B) \Leftrightarrow (A = B)$$

しかるに、$(A \cup B \Leftrightarrow A \cap B)$ は、

$$(A \cup B) \subset (A \cap B) \text{ かつ } (A \cap B) \subset (A \cup B)$$

であるから、

$$A \cap B = A \cup B$$

すなわち、和集合と積集合が一致する。

ベン図を描いてみれば、$A = B$となることが一目瞭然である。

第3部　集合上の関係

集合と集合のそれぞれの元の間に何らかのつながりがあるとき、それを一般に関係という。身近な例として、ある中学校の3年生の生徒の集合と1年生の生徒の集合との間には、兄弟関係、親戚関係、同じ町内同士というようなさまざまな関係が見つかるだろう。

ここでは、特に2つの集合間の元の関係に焦点を絞って、これらの関係が持つ性質を調べることによって、関係、写像、関数、射影、順序などの数学的な概念を理解する。

第6章　関係

§6.1　関係とは

冒頭の具体的な例に戻って分かりやすい例を取りあげる。ある中学校の3年A組の生徒（30人）と1年B組（20人）の生徒の集合を、それぞれA、Bとする。

集合Aと集合Bについて、兄弟・姉妹関係をあげなさいといえば、

　　太郎君と花子さん、良子さんと大輔君、美智子さんと友子さん、

　　純一君と篤史君、……

などの具体的な名前ですぐに列挙されるだろう。あがった4組の兄弟・姉妹関係は、(　,　) 内の先頭に3年生、後に1年生の名前を書いて、

　　(太郎, 花子)、(良子, 大輔)、(美智子, 友子)、(純一, 篤史)

のように表すことができる。

また、親戚関係としては、同様の書き方で、

(山本, 上田)、(加藤, 鈴木)

などの組があがるであろう。そして、同じ町内に住んでいる者同士という関係ならば、同様の書き方で、もっと多くの組が列挙されるであろう。

これらのことを、直積集合に関する定義46～48を用いて数学的にいえば、兄弟関係、親戚関係、あるいは同じ町内同士という関係が、直積集合$A \times B$の元である順序対で具体的に表された、ということにほかならない。

しかも、どの関係も、$30 \times 20 = 600$(個)の元を持つ直積集合$A \times B$の部分集合となっていることが理解されよう。換言すると、直積集合の部分集合を指定することが、どんな関係であるかを表すことになっている。

従って、次の妥当な定義を設ける。

【定義52】 関係

集合をA、Bとする。直積集合$A \times B$の部分集合Rを指定するとき、AからBへの**関係Rが定まる**という。

記号Rは、関係を表す英語relationの頭文字を当てたものである。

【定義53】 関係の表現

部分集合Rによって定まる関係Rを、$\forall (x, y) \in R$に対して、

$$(x, y) \in R \quad \Leftrightarrow \quad x R y$$

で表し、「xとyには関係Rが成り立つ」と読む。

＜例1＞　$R=\phi$ は、関係が何も存在しないことを示す。
部分集合が元を持たないのだから、関係は生じない。

＜例2＞　$R=A\times A$（直積集合自身もその部分集合であった）
とすれば、すべてのxとyが関係Rで結ばれることを意味する。

関係を視覚的に理解する2つの方法がある。部分集合が離散的な元を持つ場合には図表が適しているし、連続的な元を持つ場合にはグラフが適している。

今、簡単のために集合を、$A=\{1,2,3,4\}$、$B=\{a,b,c,d\}$ とする。
AとBにおける3つの関係R_1、R_2、R_3を定める部分集合を以下とする。

$$R_1=\{(1,a),(2,b),(3,c),(4,d)\}$$
$$R_2=\{(1,b),(2,a),(2,c),(3,b),(4,d)\}$$
$$R_3=\{(1,c),(2,b),(3,d),(4,a)\}$$

第1座標を横軸に、第2座標を縦軸にとり、部分集合Rの元に対応する位置に「•」印を打って、部分集合を表すのである。これを**関係図**と呼ぶ。

上の3つの部分集合R_1～R_3の関係図を以下に示す。

d				•
c			•	
b		•		
a	•			
R_1	1	2	3	4

（R_1の関係図）

d				•
c		•		
b	•		•	
a		•		
R_2	1	2	3	4

（R_2の関係図）

d			•	
c	•			
b		•		
a				•
R_3	1	2	3	4

（R_3の関係図）

これらの関係図から、部分集合Rを「関係のグラフ」と呼ぶ理由がおおよそ理解できるであろう。すなわち、元が連続であれば、まさしく我々が見慣れているグラフとなる。

【定義54】 関係のグラフ

部分集合Rによって定まる関係をRをとするとき、部分集合Rのことを、幾何学的な意味で**関係Rのグラフ**といい、

$$G(R) := \{(x, y) \in A \times B \mid x R y\}$$

で表す。

記号Gは、図表を表す英語graphの頭文字を当てたものである。

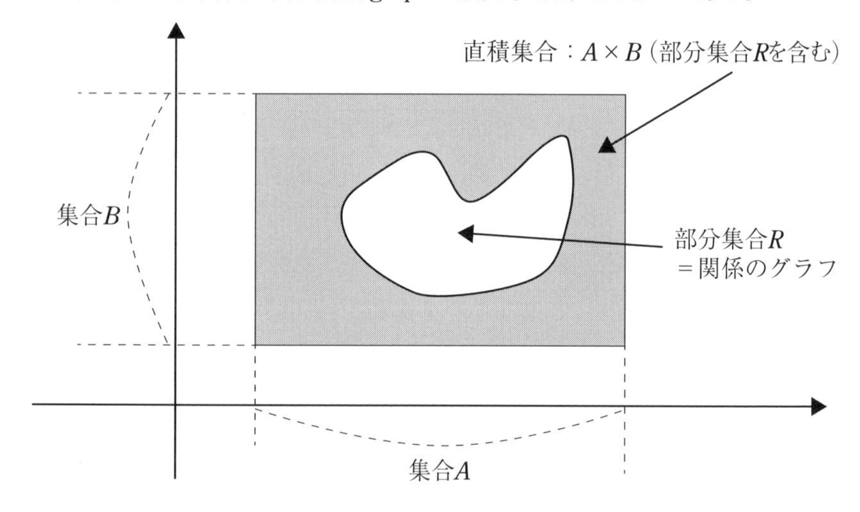

§6.2 二項関係

数学的に特に興味のある関係は、前記の定義52で$B=A$の場合である。すなわち、集合Aにおける元同士の関係である。一般的に、この関係を二項関係と呼ぶ。

【定義55】 二項関係

直積集合$A \times A$の部分集合Rが定める関係を、

（A上の）二項関係、

あるいは、二項を省略して単に（A上の）**関係**ともいう。

【定義56】 二項関係の表現

部分集合Rが定める二項関係は、$(x, y) \in R$とするとき、

$x \overset{R}{\sim} y$ あるいは、Rを省略して単に $x \sim y$

で表し、xはyに**〜で関係づけられる**

xとyには**関係〜が成り立つ**

などという。

＜例1＞ $R=\{(x, x) \mid x \in \mathrm{A}\}$ は、関係〜が等号（＝）であることを示す。なぜなら、Rの任意の元を（x, y）とすれば、必ず$y=x$が成り立たねばならないからである。

なお、この集合Rは、前節の「R_1の関係図」で表されるように、対角の位置にすべての元が存在するので、**対角集合**と呼ばれる。

【定義57】 恒等関係

集合A上の二項関係が対角集合で与えられるとき、
この二項関係を、特に、**恒等関係**といい、Δ（デルタ）で表す。

対角集合を説明法で記述すれば

$$G(\Delta) = \{(x, y) \in A^2 \mid y = x\}$$

ということである。

＜例2＞ $R = \{(x, y) \mid x \leqq y, x, y \in \mathbb{Z}\}$ は、整数の大小関係を表す。

4	•	•	•	•
3	•	•	•	
2	•	•		
1	•			
R	1	2	3	4

関係図の一部分を示すと上図となる。

二項関係の中で、特に次の4つの関係は重要であり、特別の名称がつけられており、それぞれ、反射律、対称律、反対称律、推移律と呼ばれる。

【定義58】 反射律

集合A上の二項関係～が、

$$\forall x \in A \ [x \sim x]$$

を満たすとき、関係は**反射的**であるという。

【定理48】 恒等関係と反射律

集合A上の二項関係Rが、反射律を満たすための必要十分条件は

$$G(\triangle) \subset G(R)$$

となることである。

恒等関係は必ず反射律を満たすが、その逆は必ずしも成り立たない。

関係図でいうと、部分集合Rとして選ばれた元が、対角線の位置のすべてを「•」で埋め尽くしている場合である。対角線の位置以外に「•」があってもよい。

(必要性⇒の証明) まず、$G(\triangle) \subset G(R)$を仮定して反射律を導く。

$\forall a \in A$に対して、$(a,\ a) \in G(\triangle)$ とすれば、仮定により

$(a,\ a) \in G(R)$ が成り立つ。すなわち、$a \sim a$である。

よって、aは任意であったから、反射律：$\forall x \in A\ [x \sim x]$ が成り立つ。

(十分性⇐の証明) 反射律が満たされれば、$G(\triangle) \subset G(R)$ を導く。

$\forall a \in A$に対して、$(a,\ a) \in G(\triangle)$ とすれば、仮定により反射律が成り立つのであるから、$a \sim a$である。

これは、$(a,\ a) \in G(R)$ が成り立つことを意味する。

【定義59】 対称律

集合A上の二項関係$\sim$が、

$$\forall x \in A\ \forall y \in A\ [x \sim y \rightarrow y \sim x]$$

を満たすとき、関係は**対称的**であるという。

関係図でいうと、R_2の関係図のように、部分集合Rとして選ばれた元が、左下から右上に伸びる対角線を対称軸として、対称な位置に「•」がすべて打たれている場合である。対称軸上の位置に「•」があっても構わない。

【定義60】　反対称律

集合A上の二項関係$\sim$が、

$$\forall x \in A \, \forall y \in A \; [(x \sim y) \wedge (y \sim x) \;\Rightarrow\; x = y]$$

を満たすとき、関係は**反対称的**であるという。

これは、否定を考えた方がよく理解できる。定理11によって、

$$\neg(\forall x \in A \, \forall y \in A \; [x \sim y \wedge y \sim x \;\Rightarrow\; x = y])$$
$$\equiv \exists x \in A \, \exists y \in A \; [(x \sim y) \wedge (y \sim x) \wedge (x \neq y)]$$

関係図でいうと、反対称律を満たさない関係とは、

「対角線上でない対称な点が少なくとも一対はある」

ということである。

【定義61】　推移律

集合A上の二項関係$\sim$が、

$$\forall x \in A \, \forall y \in A \, \forall z \in A \; [(x \sim y) \wedge (y \sim z) \;\Rightarrow\; x \sim z]$$

を満たすとき、関係は**推移的**であるという。

これを関係図で、ひとことで表すのは困難である。推移律は満たされているか否かを逐一確認しなければならない。

【定理49】 恒等関係の一意性
集合A上の二項関係Rが、反射律、対称律、推移律の
3つの条件を満たすための必要十分条件は

$$G(\triangle) = G(R)$$

となることである。

（必要性⇒の証明） 反射律、対称律、および推移律の3つを満たす関係Rの任意の元を（x, y）とする。Rは対称律を満たすから、
$x \sim y$ならば$y \sim x$が成り立つ。
しかるに、Rは反射律も満たすから、$x = y$でなければならない。

$$\therefore \quad G(\triangle) = G(R)$$

（十分性⇐の証明） $\forall(x, y) \in R$とすれば、$G(\triangle) = G(R)$ であるから、
$y = x$でなければならない。従って、$x \sim x$
すなわち、反射律が成り立つ。
また、$x \sim y$ ならば $y = x$ であるから、$y \sim x$
すなわち、対称律が成り立つ。
$x \sim y$ かつ $y \sim z$ であれば、$x = y$ および $y = z$ が成り立つから、
$x \sim z$　すなわち、推移律が成り立つ。

§6.3　同値関係

我々はこれまで「等しい」という意味で、同値あるいは同等という言葉を何気なく使ってきた。例えば、論理において同値であるとは「真理値が等しい」という意味であったし、集合において同等とは「同じ元を持つ」という意味であった。

そして、「等しい」ことを表す記号として、論理では「≡」を用い、

集合では「＝」を用いてきた。

このように、個々の対象について「等しい」ということの意味を考察し、それに基づいて「等しい」という内容の定義をしてきた。しかし、定理49を得るに至っては、もはや個々の対象ごとに「等しい」とはどういうことかと、いちいち定義をする必要性はまったくなくなってしまったのである。なぜなら、より一般性の高い集合において、その元と元の間の関係から出発して、元が同一であることの必要かつ十分なことを得たのであるから。

そこで、「等しい（同値である）」ことの一般性を持つ次の定義を設ける。

【定義62】 同値関係

集合A上の二項関係$\sim$が**同値関係**であるとは、

$\forall x, y, z \in A$に対して

反射律：$x \sim x$

対称律：$x \sim y \Rightarrow y \sim x$

推移律：$(x \sim y) \wedge (y \sim z) \Rightarrow x \sim z$

の3つを満たすときをいう。

これら3つを合わせて**同値律**という。

同値関係の具体例として、身近なカレンダーを取り上げ、同値関係には興味深い色々なことが付随していることを理解しよう。

2010年6月のカレンダー

日	月	火	水	木	金	土
		1	2	3	4	5
6	7	8	9	10	11	12
13	14	15	16	17	18	19
20	21	22	23	24	25	26
27	28	29	30			

2010年6月の日にちの集合をAとする。すなわち、

$A=\{x\in\mathbb{Z} \mid 1\leqq x\leqq 30\}$

今、A上の関係～を、「同じ曜日」とし、$a,\ b,\ c\in A$とする。

$a\sim b$：a日とb日は同じ曜日である。

この関係～は、3つの法則（反射律、対称律、推移律）を満たす。

反射律：$a\sim a$

a日とa日は同じ曜日である。これは当然正しい。

すなわち、反射律が成り立っている。

対称律：$a\sim b\Rightarrow b\sim a$

a日とb日が同じ曜日であれば、b日とa日は同じ曜日であることも正しい。すなわち、対称律も成り立っている。

推移律：$a\sim b\wedge b\sim c\ \Rightarrow\ a\sim c$

a日とb日が同じ曜日であり、かつb日とc日も同じ曜日であれば、a日とc日は同じ曜日であることも当然正しい。

すなわち、推移律も成り立っている。

従って、定義62により、「同じ曜日である」という関係～は、同値関係であることが確かめられた。

カレンダーの特徴は、6月の日にちは、余すところなく、かつ、重なり合うことなく、全部の日にちが7つの曜日のグループに分けられているということにある。

日曜日の日にち：6, 13, 20, 27　　月曜日の日にち：7, 14, 21, 28
火曜日の日にち：1, 8, 15, 22, 29　水曜日の日にち：2, 9, 16, 23, 30
木曜日の日にち：3, 10, 17, 24　　金曜日の日にち：4, 11, 18, 25
土曜日の日にち：5, 12, 19, 26

これを、前述の「曜日は同じ」という関係～を用いて表現すると、
日曜日のグループは、6日と同値な日にちの集合であるから、
$A_6 = \{ x \in A \mid x \sim 6 \}$　と表せる。
月曜日のグループは、7日と同値な日にちの集合であるから、
$A_7 = \{ x \in A \mid x \sim 7 \}$　と表せる。
火曜日のグループは、1日と同値な日にちの集合であるから、
$A_1 = \{ x \in A \mid x \sim 1 \}$　と表せる。
……
ということになる。
ここに、$A_1 \sim A_7$ は A の部分集合であることは明白である。

これらの同じ曜日のグループの個々を、同値関係～に付随する**同値類**という。

6日、7日、1日などを、同値類の**代表元**という。
なお、代表元は同値類に属するどの元であってもよい。

また、同値関係によって生じる同値類の全体を**商集合**という。

この場合の商集合は、$\{A_1, A_2, A_3, \cdots\cdots, A_7\}$ である。

6月という30日の日にちの集合が、下記の2つの重要な特徴をもって、

i）余すところなく、

ii）重なり合うことなく、

同値類によってグループ分けされることを、

同値関係による**類別**（または**直和分割**）

という。この類別という性質こそが同値関係の持つ最も重要な性質なのである。

従って、カレンダーとは、数学的にいえば、1か月の日にちが「同じ曜日である」という同値関係によって類別されているものであるといえる。

以上から得られた概念を次のように一般化した類別の定義とすることができる。

§6.4 類別

【定義63】 類別または直和分割

集合Aの空でない部分集合の族

$\mathscr{F}=\{A_i \mid \{A_i \neq \phi,\ i \in \mathbb{N}\}$ が、次の2つの条件

i) $A=\sqcup_{i \in \mathbb{N}}\ A_i$

ii) $i,\ j \in \mathbb{N}$ に対して、$i \neq j \Rightarrow A_i \cap A_j=\phi$

を満たすとき、$\mathscr{F}$をAの**類別**、または**直和分割**といい、

記号⊔を用いて

$A=\sqcup_{i \in \mathbb{N}} A_i$

と表す。このとき、各A_iを類別$\mathscr{F}$による**類**という。

記号$\mathscr{F}$は族や類を表す英語 familyの頭文字でドイツ文字筆記体大文字を当てている。

条件 i)は「余すところなく」を示し、条件 ii)は「重なり合うことなく」を示す。集合の類別は同値関係によるものだけでなく、集合族が上記の2つの条件を満足するものであれば類別ができることをいっているのである。

じつは、類別には必ず同値関係が付随しているのである。

【定理50】 類別に付随する同値関係

集合Aの類別を$\mathscr{F}$とするとき、$\mathscr{F}$には同値関係が存在する。

この同値関係を、**類別$\mathscr{F}$に付随する同値関係**という。

（証明） 条件ｉ）により、任意の$a \in A$に対して、$a \in A_i$となるA_iが必ず存在する。しかも、条件ii）によって、そのようなA_iはただ1つしか存在しない。

従って、$a, b \in A$とするとき、A上の関係～を

a～b：aとbが同じ類に属する。

とすれば、この関係～は明らかに同値関係である。

（∵カレンダーの例における関係と同じ内容の証明）

§6.5 同値類

【定義64】 同値類と代表元

集合A上の二項関係Rが同値関係～であるとき、$\forall a \in A$に対して、$C(a) = \{ x \in A \mid x \sim a \}$ で定義されるAの部分集合$C(a)$ を

aを**代表元**とする**同値類**という。

記号Cは同値類を表す英語classの頭文字である。

このように定義された同値類は、カレンダーの例において示された諸性質を持っていることを、逐一確認して行こう。

【定理51】 同値関係の性質1

集合A上の同値関係～があるとき、$\forall a, b \in A$に対して

1） $a \in C(\mathrm{a})$

2） $a \sim b \quad \Leftrightarrow \quad C(a) = C(b)$

が成り立つ。

(証明1) 関係$\sim$は同値関係であるから反射律を満たす。よって、

$\forall a \in A$に対して、$a \sim a$が成り立つ。

従って、定義64により、$a \in C(a)$

(証明2の必要性⇒) $C(a) = C(b)$ を示すためには、定理32により、

$C(a) \subset C(b)$かつ$C(a) \supset C(b)$ を示すことが必要である。

従って、定義39により、$a \sim b$が成り立つとき、

$x \in C(a) \Leftrightarrow x \in C(b)$ を示せばよい。

まず、$\forall x \in C(a) \Rightarrow x \in C(b)$ を示す。

$\forall x \in C(a)$ が成り立てば、定義64により、$x \sim a$

仮定により、$a \sim b$が成り立つから、推移律によって、$x \sim b$

すなわち、定義64により、$x \in C(b)$

次に、$\forall x \in C(b) \Rightarrow x \in C(a)$ を示す。

$\forall x \in C(b)$ が成り立てば、定義64により、$x \sim b$

仮定により、$a \sim b$が成り立つので、対称律により、$b \sim a$

従って、推移律により、$x \sim a$

すなわち、定義64により、$x \in C(a)$

(証明2の十分性⇐) $x \in C(a) \Leftrightarrow x \in C(b)$ ならば、$a \sim b$が成り立つことを示す。

まず、$\forall x \in C(a) \Rightarrow x \in C(b)$ ならば、$a \sim b$を示す。

定義64により、$x \in C(a)$ だから$x \sim a$が成り立つ。

仮定により、$x \in C(b)$ が成り立つから、定義64により、

$x \sim b$も成り立つ。そして、対称律から、$a \sim x$

従って、推移律により、$a \sim b$

次に、$\forall x \in C(b) \Rightarrow x \in C(a)$ ならば、$a \sim b$を示す。

定義64により、仮定から$x \sim b$が成り立てば、

$x \sim a$も成り立つ。しかるに、対称律から、$b \sim x$

よって、推移律により、$b \sim a$

従って、対称律から、$a \sim b$

この定理51が述べていることは、集合Aに同値関係があれば、

1）Aの元は必ずどれかの同値類に属すこと

2）同値関係にあるAの元は、必ず同じ同値類に属すること

の２つである。

【定理52】 同値関係の性質２

集合A上の同値関係$\sim$があるとき、$\forall a,\ b \in A$に対して

1）$\cup_{a \in A} C(a) = A$

2）$C(a) \neq C(b) \quad \Rightarrow \quad C(a) \cap C(b) = \phi$

が成り立つ。

(証明１) 集合の等号を示すには、定理32によって、

$\cup_{a \in A} C(a) \subset A$ かつ $\cup_{a \in A} C(a) \supset A$

を示せばよい。

まず、$\cup_{a \in A} C(a) \subset A$を示す。

各同値類$C(a)$はAの部分集合であるから、$C(a) \subset A$

定理35-2により、それらの合併集合について、

$\cup_{a \in A} C(a) \subset A$

次に、$\cup_{a \in A} C(a) \supset A$を示す。

$\forall x \in A$とすれば、定理51-1により、$x \in C(x)$である。

しかるに、$C(x)$は合併集合の部分集合であるから、

$C(x) \subset \cup_{a \in A} C(a)$ である。よって、$x \in \cup_{a \in A} C(a)$

従って、部分集合の定義39により、$\cup_{a \in A} C(a) \supset A$

(証明2) 結論が空集合であるという一種の否定形となっているので、背理法で示すのが都合がよい。

$C(a) \cap C(b) \neq \phi$ を仮定する。すると、$\exists c \in C(a) \cap C(b)$

すなわち、$c \in C(a) \wedge c \in C(b)$ なるcが存在する。

定義64により、$(c \sim a) \wedge (c \sim b)$ が成り立つ。

対称律により、$(a \sim c) \wedge (c \sim b)$

よって、推移律により、$a \sim b$が成り立つ。

しかるに、定理51-2により、$C(a) = C(b)$ となる。これは、矛盾。

この定理は、集合Aに同値関係があれば、

1）同値類の全部でAを漏れなく覆っていること

2）同値類はまったく重なり合うことがない

を述べている。

定理51と定理52が、カレンダーの例で見い出された同値類の性質を言い尽くしている。

また、定理52は、同値類が集合Aの類別を与えることも示しており、定理50と合わせると、同値関係と類別が1対1の関係にあることも分かる。

従って、定義63と合わせて、次の定理を得る。

【定理53】 同値関係と類別

集合A上の同値関係をRとするとき、Rによる同値類の全体を$\mathscr{F}$とすれば、

1）$\mathscr{F}$はAの類別である。

2）$\mathscr{F}$に付随する同値関係は与えられた同値関係Rに一致する。

集合Aを分類するという観点から、同値類の全体を類別と呼んだけれども、Aの部分集合の全体という観点からは、同値類の全体を商集合と言う。

【定義65】 商集合

A上の二項関係Rが同値関係であるとき、Rによる同値類の全体の集合をAの（同値関係Rによる）**商集合**といい、

$$A/R \quad あるいは \quad A/\sim$$

で表す。

第7章　写像と関数

§7.1　写像とは

まずは、おなじみの$y = 2x + 1$という1次関数から出発しよう。
ここでは、xとyの値の関係に注目して、関数とは何かを理解しよう。

この1次関数$y = 2x + 1$のグラフを書けと言われれば、頭の中に、あるいはノートの端に、きっと次のような表を作るであろう。

x	-2	-1	0	1	2	3	4
y	-3	-1	1	3	5	7	9

そして、xy平面の（$-2, -3$）、（$-1, -1$）、（$0, 1$）、（$1, 3$）……の各位置に、それぞれ点「・」を打ち、定規でこれらの点を結び、直線となることを知るだろう。

観点を変えて、入力xと出力yの数量的な関係として見ると、

　　関数 $f(x) = 2x + 1$とは、

　　「入力xを2倍して1を加えて、出力としてyに返す」

という見方ができる。
例えば100円硬貨を1枚入れると、ジュースが1缶だけ出る自動販売機みたいなものであると考えてもよい。

ここで大事なことは、

　　ある1つの入力xを与えたとき、出力yはただ1つであり、

　　同じ入力xを与えたときは、毎回必ず同じ出力yを出す

ということである。

これはこれで、関数というものを機能面から見た一つの正しい見方である。

入出力の量的な関係としてとらえる場合､関数の概念を以下に図示する。

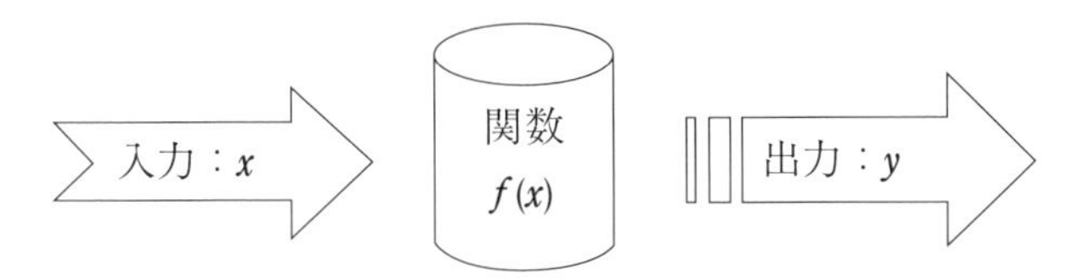

もう一つの別の見方は、量と量の関係という見方をまったく捨てて、

関数 $f(x) = 2x + 1$ とは、

例えば－２を－３に、－１を－１に、……といった具合に、

x という数を単に y という新たな数に

「写しかえている」、あるいは「対応させている」

という見方である。

このような見方をする場合、関数という言葉よりも、

「**写像**」または「**対応**」

という言葉の方がふさわしい。

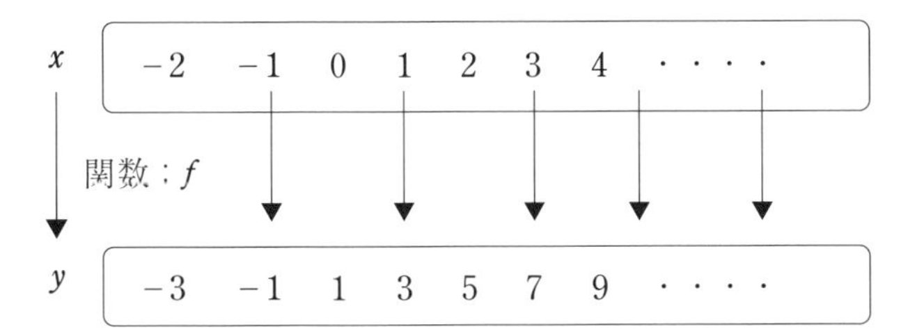

このように、写像とは、

「ある数を一定の規則によって、ただ一つの別の数に写しかえる」

という関数が持っている概念を、２つの集合の元の関係に拡張したものなのである。

そこで、次の写像の定義を得る。

【定義66】 写像

A、Bを集合とし、Aの任意の元xに対して、Bの元yがただ1つ定まるとき、AとBの元の対応関係を（**AからBへの**）**写像**といい、

$$f : A \to B$$

で表す。Aの元xとBの元yとの関係を

$$y = f(x)$$

で表し、yをfによるxの**像**といい、

xをfによるyの**原像**という。

すなわち、論理の言葉を用いて写像を表すと

$$\forall x \in A \, \exists_1 y \in B \; [\, y = f(x) \,]$$

（$\exists_1$：「ただ1つ存在する」という記号）

定義66の写像、像、原像の概念を以下に図示する。

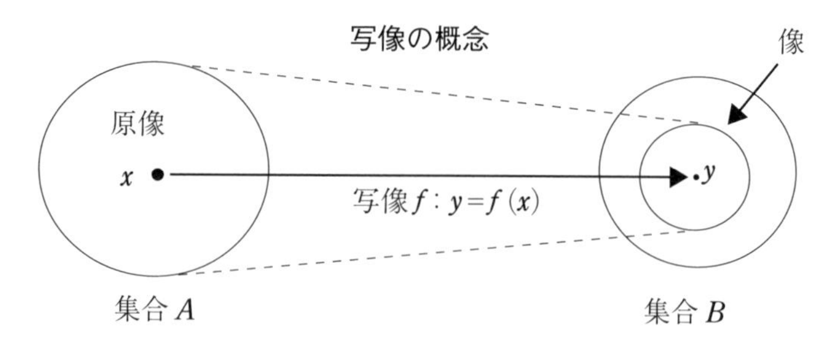

そこで、Aの元xとただ一つ存在するxの像$f(x)$の順序対（x, $f(x)$）を考えると、xが集合A上を動くとき、順序対の全体は直積集合$A \times B$の部分集合となる。

$$\{(x, y) \mid x \in A, y = f(x)\} \subset A \times B$$

$y = 2x + 1$のグラフを書く際に、各座標の位置に点「・」を打つということは、

$$\{(x, y) \mid x \in \mathbb{R}, y = f(x)\}$$

の部分集合の元を指定していることに相当し、定義52にいう「関係を定める」ことに相当している。

この観点から、「写像」は第6章の「関係」の一部であると言える。

また、直線を引くということは、直積集合のすべての元を、平面$\mathbb{R} \times \mathbb{R}$上にプロットしていることにほかならない。すなわち、定義54にいう「関係のグラフ」を幾何学的に表現したことになっている。

変数xと関数fによるxの像の順序対$(x, f(x))$の全体は、直積集合$A \times B$の部分集合であって、関数fそのものと同一視できる。

そこで、次の妥当な定義を得る。

【定義67】 直積集合による写像の定義

A、Bを集合とし、fを直積集合$A \times B$の部分集合とする。
Aの任意の元xに対して、
　　$(x, y) \in f$となるBの元yがただ1つ定まるとき、
すなわち、$\forall x \in A \exists_1 y \in B\ [(x, y) \in f]$のとき、
部分集合fを**（AからBへの）写像**という。

「写像」が「関係」と異なる点は、「関係」はxに対して複数のyが定まってもよいが、「写像」はxについてただ1つのyが定まることである。

両者の違いを以下に図示する。

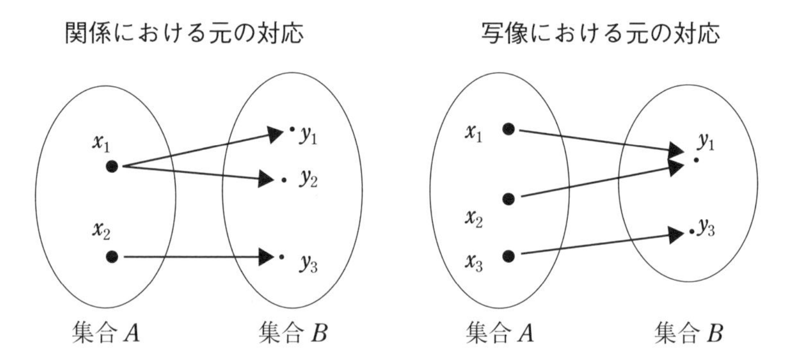

＜例＞ある小学校の生徒の母親の集合をAとし、児童の集合をBとする。

ア）直積集合$A \times B$の部分集合fは「関係」であるが、母子関係は、「写像」ではない。

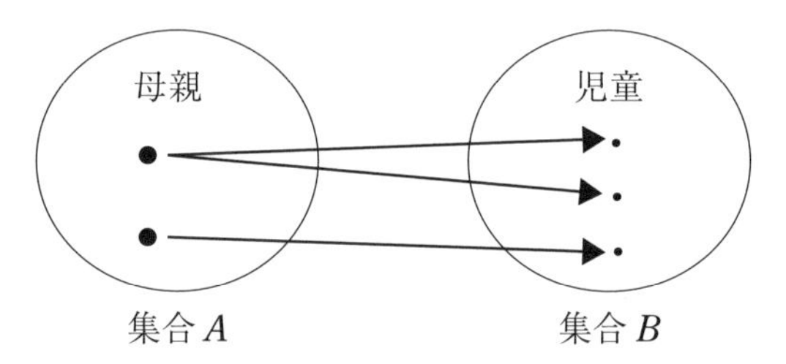

なぜなら、複数の小学生を持つ母親がいると、Aの元（母親）に対して、Bの元（小学生）はただ1人だけ決まることにならないからである。

イ）直積集合$B \times A$の部分集合gは「関係」であり、かつ「写像」でもある。

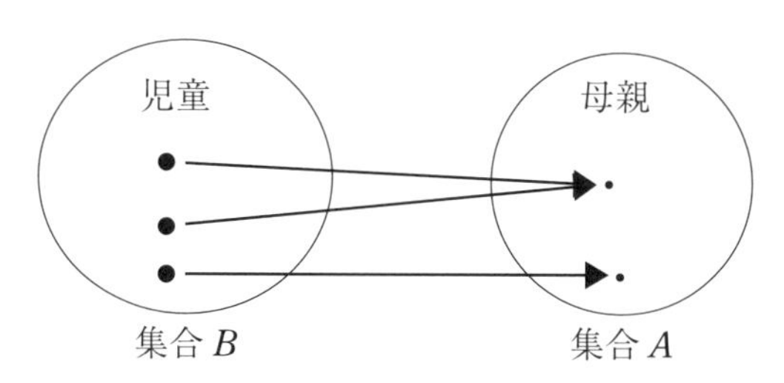

なぜなら、Bの元（小学生）に対して、Aの元（母親）はただ1人だけであるからである。

【定義68】 A上の写像

集合AからA自身への写像$f: A \to A$を

　　A上の写像、または**変換**という。

「変換」という言葉は、「変数変換」などで、おなじみであろう。

＜例＞ 冒頭に取り上げた$y = 2x + 1$という関数は、

　　xの動く範囲を実数$\mathbb{R}$とすると、$\mathbb{R} \to \mathbb{R}$への変換である。

　　xの動く範囲を整数$\mathbb{Z}$に制限すると、もちろん、$\mathbb{Z} \to \mathbb{Z}$への変換であるが、変換先が奇数であるので、奇数への変換ともいう。

写像は関数の概念を拡張したものであった。では、もとの関数とはどんな写像のことをいうのであるかと言えば、実数$\mathbb{R}$または複素数$\mathbb{C}$への写像に限って、それを関数というのである。

そこで、関数の定義は、次のようになる。

【定義69】 関数

集合Aから$\mathbb{R}$（または$\mathbb{C}$）への写像$f: A \to \mathbb{R}$（または$\mathbb{C}$）を特に、

（A上の）実数値（または**複素数値**）**関数**という。

関数と言えば、通常は、

　　集合Aも$\mathbb{R}$（または$\mathbb{C}$）のときを関数というのであるが、

本書では、集合Aが数でない一般の集合である場合も含めて、関数ということにする。

【定義70】 定義域と値域

集合Aから集合Bへの写像$f: A \to B$があるとき、

集合Aを写像fの**始域**（または**始集合**）といい、

集合Bを写像fの**終域**（または**終集合**）という。

集合Aを写像fの**定義域**と呼ぶ時は、定義域に属するすべての元の像

$$f(A) = \{f(x) \mid x \in A\}$$

を写像fの**値域**（ちいき）という。

一般的に、$f(A) = B$になる（すなわち、値域が終域に一致する）とは限らない。

Aの部分集合をCとするとき、集合$\{f(x) \mid x \in C\}$をCの**像集合**ともいう。

定義域と値域の概念

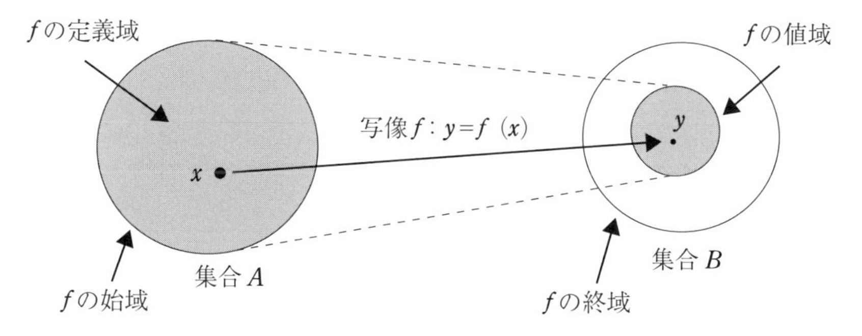

定義66の「像」という概念に対比して、「逆像」という概念がある。
「逆像」とは、端的に言うと、「Bの元の原像」のことである。

Bの元をyとすると、「yの逆像」とは、像がyとなるようなAの元xの集合（複数の場合がある）を指す言葉である。

そこで、次の定義を設ける。

【定義71】 逆像

写像$f: A \to B$があるとき、Bの部分集合Cに対して、

集合 $\{x \in \mathrm{A} \mid f(x) \in C\}$

をfによるCの**逆像**といい、$f^{-1}(C)$ で表す。

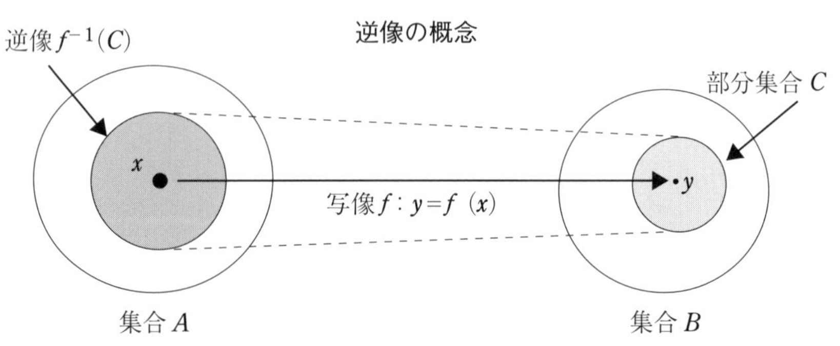

「原像」と同じく、Aの元xを指す言葉であるが、後述する「逆写像」による像との違いを明確に把握しておく必要がある。
写像$f: A \to B$があれば、「像」と「原像」が必ずあるので、「逆像」は存在する。しかし、「逆写像による」像は存在するとは限らない。

その理由は、逆写像$f^{-1}: B \to A$は写像fがあるからと言って、必ずしも存在するとは限らないからである。

＜例＞ $A=\{a, b, c, d\}$、$B=\{1, 2, 3, 4\}$、写像$f: A\rightarrow B$が下図のとき

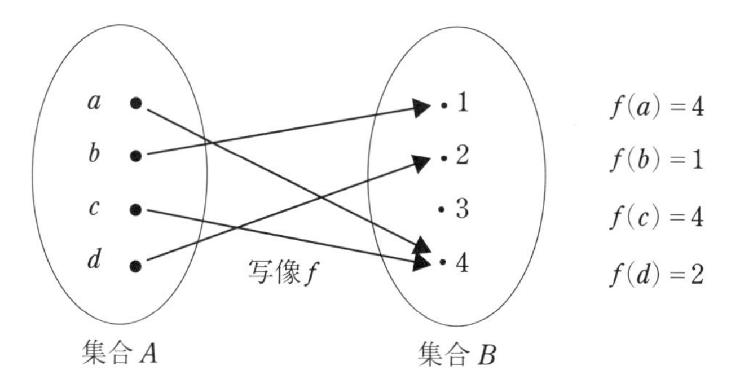

以下の集合はすべて「逆像」の例である。

$f^{-1}(\{4\})=\{a, c\}$

$f^{-1}(\{3\})=\{\phi\}$

$f^{-1}(\{2\})=\{d\}$

また、2つの写像が等しいことを、次のように定義する。

【定義72】 写像の相等

写像$f: A\rightarrow B$と、写像$g: X\rightarrow Y$に対して、

$f=g$であるとは、

1）始域が一致する（すなわち、$A=X$）

2）終域が一致する（すなわち、$B=Y$）

3）始域の任意の元aに対して像が一致する

（すなわち、$f(a)=g(a)$）

であるときをいう。

写像が等しいとは、

像が等しくなることだけでなく、

始域も終域もともに等しくなること

が要求されるのである。

§7.2 写像のグラフ

集合AからBへの写像が存在しているとき、定義54の「関係のグラフ」と同様に、「写像のグラフ」が次のように定義される。

【定義73】 写像のグラフ

集合Aから集合Bへの写像をfとする。

直積集合$A \times B$の部分集合

$$G(f) := \{(x, y) \mid x \in A, y = f(x)、y \in B\}$$

を**写像fのグラフ**という。

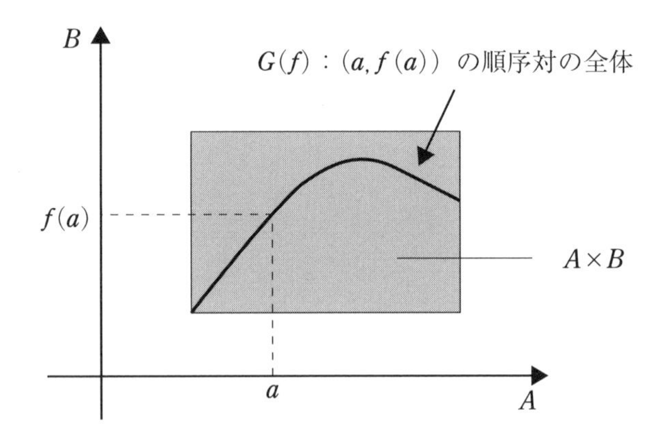

【定理54】 写像のグラフの性質

写像$f: A \to B$のグラフを$G(f)$とするとき、

1）Aの任意の元aに対して、$(a, b) \in G(f)$ となる $A \times B$の元 (a, b) が存在する。

2）$(a, b) \in G(f) \wedge (a, b') \in G(f) \Rightarrow b = b'$

が成り立つ。

（証明1） $\forall$ $(a, b) \in G(f)$ とすれば、定義71により、
$a \in A \wedge b = f(a)$ である。しかるに、$f(a) \in B$
であるから、$b \in B, (a, b) \in A \times B$

（証明2） 定義71により、$(a, b) \in G(f)$ であれば、$b = f(a)$
である。また、$(a, b') \in G(f)$ であれば、$b' = f(a)$
よって、$b = b'$

逆に、上記の1）と2）が成り立つような直積集合A×Bの部分集合fに対して、$(a, b) \in f \Leftrightarrow b = f(a)$ と定義することによって、部分集合 fは写像 $f: A \to B$を定める。

この事実が、写像の直積集合による定義67の根拠となっている。

＜例1＞対角集合$\triangle = \{(x, y) \mid x \in A, y = x\}$ を写像のグラフとする直積集合$A \times A$の部分集合$G(\triangle)$ は、A上の写像を定める。
この写像を**恒等写像**といい、I_Aで表す。
恒等射像は、Aの元xをそれ自身に写す写像である。

【定義74】 恒等写像

集合A上の写像をfとする。直積集合$A \times A$の対角集合$\triangle$のグラフ

$$G(\triangle) := \{(x, y) \mid x \in A, y = x\}$$

を**恒等写像**という。

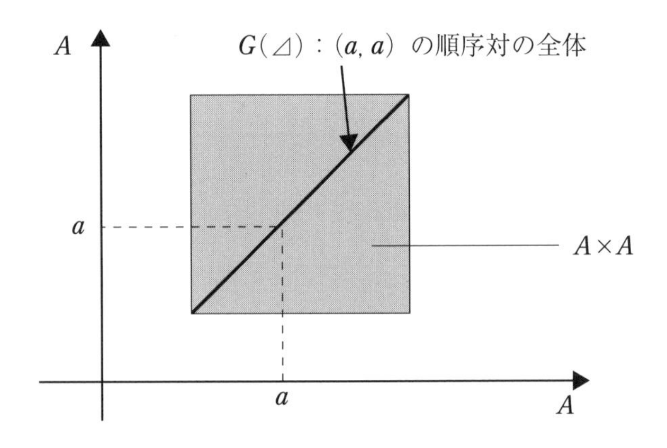

＜例2＞写像のグラフ$G(f) = \{(x, b) \mid x \in A, y = b \in B$：一定の値$\}$が与える写像を**定値写像**という。

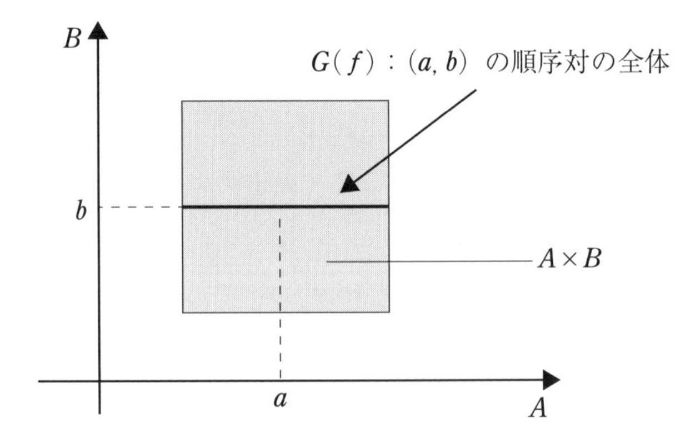

§7.3 写像の種類

写像には、像の写し方について、「単射」という性質と「全射」という2つの重要な性質がある。この性質により、写像は次の4つのカテゴリーに分類される。

1）単射であるが、全射でないもの
2）全射であるが、単射でないもの
3）両方の特徴を持ち合わせたもの（これを「全単射」という）
4）どちらでもないもの

この中で、全単射という性質を持った写像は、数学的で重要な役割を演ずる。

1）単射（入射）

「原像が異なれば、像は必ず異なる」という性質を持つ写像を「単射」という。

【定義75】 単射 あるいは 入射

写像$f: A \to B$が単射であるとは、

$$\forall x_1 \in A \forall x_2 \in A \ [x_1 \neq x_2 \Rightarrow f(x_1) \neq f(x_2)]$$

であるときをいう。

この性質から、単射は**1対1の写像**（one to one）ともいわれる。
また、単射は英語でinjectionということから、**中への写像**（into）、あるいは**入射**ともいう。

単射をスポーツに例えるなら、バスケットボールやサッカーで行われるマン・ツー・マン・ディフェンスのようなものである。

相手チームのおのおのの選手に対して、その防御に当たる者を予め一人ひとり決めているからである。

対偶を用いて、定義75を言いかえると

$$\forall x_1 \in A \forall x_2 \in A \ [f(x_1) = f(x_2) \Rightarrow x_1 = x_2]$$

となる。

すなわち、像が同じであれば、その原像が同じとなる写像を単射というのである。

「単射でない」ことは、定理30のド・モルガンの法則と「ならば」の定理11を用いて、単射の定義を次のように同値変形することによって得られる。

$$\neg \ [\forall x_1 \in A \forall x_2 \in A \ [x_1 \neq x_2 \Rightarrow f(x_1) \neq f(x_2)]]$$

$$\equiv \exists x_1 \in A \exists x_2 \in A \ [\neg \ (x_1 \neq x_2 \Rightarrow f(x_1) \neq f(x_2))]$$

$$\equiv \exists x_1 \in A \exists x_2 \in A \ [\neg \ (\neg (x_1 \neq x_2) \ \vee \ (f(x_1) \neq f(x_2)))]$$

$$\equiv \exists x_1 \in A \exists x_2 \in A \ [(x_1 \neq x_2) \ \wedge \ (f(x_1) = f(x_2))]$$

これを言葉に直すと、「単射でない」写像とは、

異なる原像に対して、その像が同じとなる原像が存在する

ということである。

換言すると、原像が2つ以上あるような像が少なくとも1つ以上存在するのが、単射でない写像である。

以上の事実から、単射の概念を図示すると、以下のようになる。

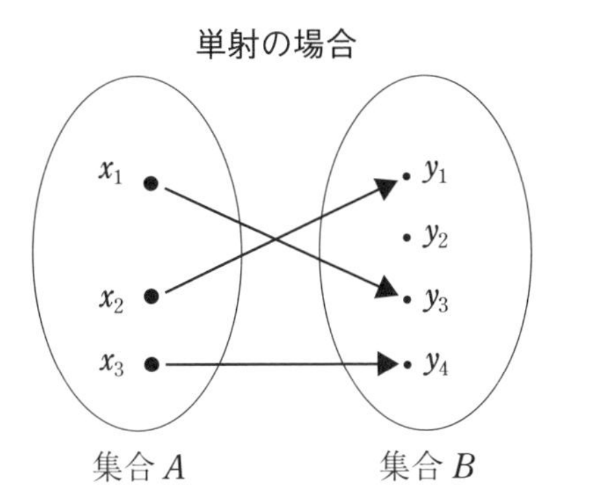

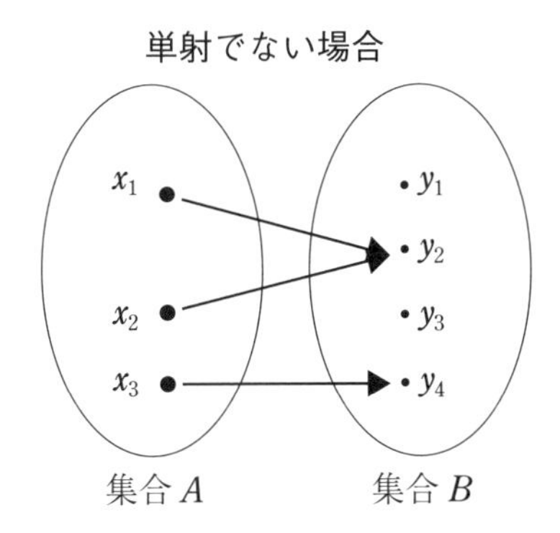

2）全射（上射）

一般に、写像の値域は終域に一致しない。それが一致するような場合を全射という。換言すると、終域Bのすべての元が始域Aに原像を持つ場合をいうのである。

【定義76】 全射，あるいは上射

写像$f: A \to B$が**全射**であるとは、

$$\forall y \in B \exists x \in A \ [f(x) = y]$$

であるときをいう。

全射は、英語でsurjectionであることから、単射と対比して、**上への写像**（on to）、あるいは**上射**ともいう。

全射を敢（あ）えてスポーツに例えるなら、ゾーン・ディフェンスのようなものといえる。敵が打った玉（写像によって写される原像）を、全員（終域のすべての元）でカバーしているからである。

この定義を言葉に直すと、

終域に属する元はどんな元であっても、その原像が始域に必ず存在するということである。

また、「全射でない」ことを、定理30のド・モルガンの法則を用いて同値変形すると、

$$\neg(\forall y \in B \exists x \in A\ [f(x)=y])$$
$$\equiv \exists y \in B \forall x \in A\ [\neg(f(x)=y)]$$
$$\equiv \exists y \in B \forall x \in A\ [f(x) \neq y]$$

これを言葉に直すと、「全射でない」写像とは、

終域には、定義域のどの元の像にもなっていない元が存在するということである。

以上の事実から、全射の概念を図示すると、以下のようになる。

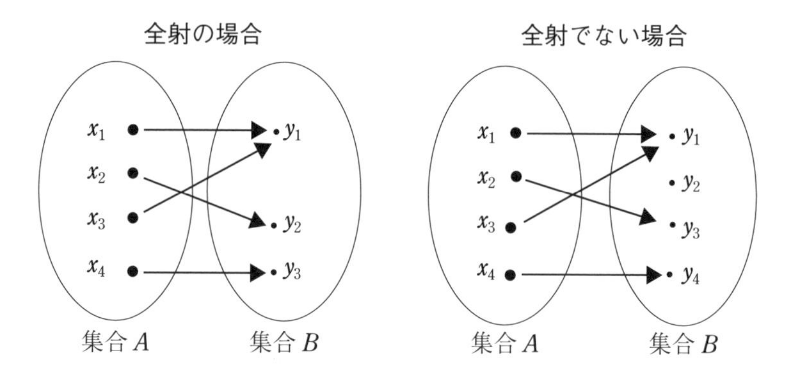

3）全単射（双射）

終域のすべての元が始域の元と 1 対 1 で結ばれているとき、全単射という。

【定義77】 全単射，あるいは双射

写像$f: A \to B$が**全単射**であるとは、

　　　fが全射であって、かつ単射である

ことをいう。

全単射は、英語で bijection ということから、**双射**ともいう。
単射と全射の 2 つを組み合わせて、全単射の概念を図示すると、以下のようになる。

全単射の概念

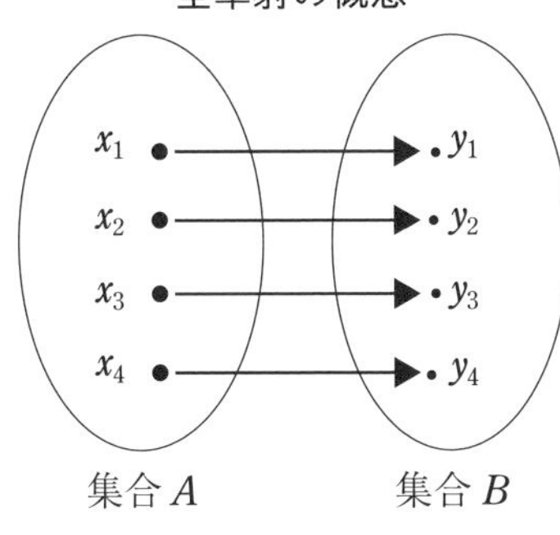

左図から分かるように、Bのすべての元yに対して、Aの元xが 1 対 1 に対応しているのが、全単射である。

＜例 1 ＞写像$f: \mathbb{R} \to \mathbb{R}$、$f(x) = 2x + 1$ はどんな写像の性質を持っているであろうか。

$f(x_1) = f(x_2) \quad \Rightarrow 2x_1 + 1 = 2x_2 + 1 \Rightarrow x_1 = x_2$

　　$\therefore$単射である。

$\forall y \in \mathbb{R}$に対して、$\exists x \in \mathbb{R}$ $[x = (y-1)/2]$。しからば、
このxに対して、$f(x) = 2(y-1)/2 + 1 = y$が成り立つ。
∴全射である。以上により、写像 fは全単射である。

＜**例2**＞写像f: $\mathbb{Z} \to \mathbb{Z}$、$f(x) = 2x + 1$はどんな写像の性質を持っているであろうか。

この写像が例1と異なるのは、始域と終域が整数となっている点である。例1と同様にして、単射であることは容易に分かる。

一方、全射性はどうであろうか。残念なことに、$\forall y \in \mathbb{Z}$に対して、例えばyが偶数のときは、$x = (y-1)/2$となる$x \in \mathbb{Z}$が存在しない。
従って、全射でない。
以上により、写像 fは単射であるが、全射でない。

上記の2つの例から分かるように、同じ写像であっても、始域と終域が変われば、写像の性質が変化することに注意を要する。

＜**例3**＞写像f: $\mathbb{R} \to \mathbb{R}$、$f(x) = x^2$　はどんな写像の性質を持っているであろうか。

$f(x_1) = f(x_2) \Rightarrow x_1^2 = x_2^2 \Rightarrow (x_1 + x_2)(x_1 - x_2) = 0$
$\therefore (x_1 = -x_2) \lor (x_1 = x_2)$ すなわち、必ずしも$x_1 = x_2$が成り立たない。
すなわち、$x_1 = -x_2$のとき$f(x_1) = f(x_2)$　が成り立つ。∴単射でない。
また、$y = -1$とすると、$\forall x \in \mathbb{R}$ $[x^2 \neq y]$　∴全射でない。
以上より、写像 fは、単射でもなく、全射でもない。

§7.4 合成写像

A、B、Cを集合とし、2つの写像を$f : A \to B$、$g : B \to C$とする。
このとき、Aの元aは写像fによりBの元$b = f(a)$に写され、さらに写像gによって、Bの元bはCの元$c = g(b)$に写される。従って、aは最終的にcに写される。

このようにして定まるAからCへの写像を$g \circ f$で表し、fとgの合成写像という。

すなわち、$c = (g \circ f)(a) = g(f(a))$

そこで、次の定義を得る。

【定義78】 合成写像

2つの写像$f : A \to B$、$g : B \to C$に対して、
写像$h : A \to C$を

$$h = g \circ f$$

で表し、fとgの**合成写像**といい、
元の対応関係で明示するときは、

$$h(x) = (g \circ f)(x) := g(f(x))$$

で記述する。

〔**注意**〕写像fとgの合成写像に関して重要なことは、fとgの順序である。最初の写像を右側に書く。

一般的に、$g \circ f \neq f \circ g$である。

合成写像の概念図

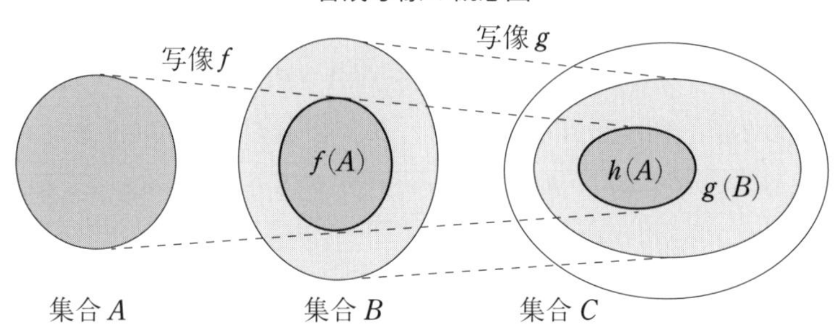

【定理55】 合成写像の結合律

写像の合成に関して、結合律

$$h\circ(g\circ f) = (h\circ g)\circ f$$

が成り立つ。

これを、( ) を省略して、単に、$h\circ g\circ f$ と書く。

(証明) 左辺の合成写像において$j=g\circ f$とし、

右辺の合成写像において$k=h\circ g$とする。

しからば、定義78により、

$j(x) = (g\circ f)(x) = g(f(x))$

∴ 左辺 $= (h\circ j)(x) = h(j(x)) = h(g(f(x)))$

定義78により、$k(x) = (h\circ g)(x) = h(g(x))$

∴ 右辺 $= k\circ f(x) = k(f(x)) = h(g(f(x)))$ Q.E.D.

【定理56】 合成写像の性質

2つの写像 $f: A \to B$、$g: B \to C$ に対して、

1）fとgがともに単射 $\Rightarrow g \circ f$も単射

2）fとgがともに全射 $\Rightarrow g \circ f$も全射

3）$g \circ f$が単射 $\Rightarrow f$は単射

4）$g \circ f$が全射 $\Rightarrow g$は全射

5）$g \circ f$が単射で、fが全射 $\Rightarrow g$は単射

6）$g \circ f$が全射で、gが単射 $\Rightarrow f$は全射

が成り立つ。

（証明1） fとgがともに単射であれば、単射の定義75の対偶を用いて

$\forall x_1, x_2 \in A$、および $\forall y_1, y_2 \in B$ に対して、

$$f(x_1) = f(x_2) \Rightarrow x_1 = x_2$$

$$g(y_1) = g(y_2) \Rightarrow y_1 = y_2$$

が成り立つ。そこで、$\forall x \in A$、$\forall y \in B$、$\forall z \in C$に対して

$$y = f(x)、z = g(y)$$

であるから、

$$y_1 = y_2 \Rightarrow x_1 = x_2、かつ\ z_1 = z_2 \Rightarrow y_1 = y_2$$

$$\therefore \quad z_1 = z_2 \Rightarrow x_1 = x_2$$

ところで、合成写像の定義78により、

$$(g \circ f)(x) = g(f(x))$$

であるから、

$$g \circ f(x_1) = g \circ f(x_2) \Leftrightarrow g(f(x_1)) = g(f(x_2))$$

$$\Leftrightarrow g(y_1) = g(y_2) \Leftrightarrow z_1 = z_2$$

最初の結果と合わせて、

$$g \circ f(x_1) = g \circ f(x_2) \Rightarrow x_1 = x_2$$

すなわち、$g \circ f$は単射である。

(証明2) fとgがともに全射であれば、全射の定義76により

$$\forall y \in B \exists x \in A [y = f(x)]$$

$$\forall z \in C \exists y \in B [z = g(y)]$$

が成り立つ。従って、

$$\forall z \in C \exists x \in A [z = g(f(x))]$$

が成り立つ。しかるに、合成写像の定義78により、

$$g(f(x)) = (g \circ f)(x)$$

$$\therefore \forall z \in C \exists x \in A \ [z = (g \circ f)(x)]$$

すなわち、$g \circ f$は全射である。

(証明3) $g \circ f$が単射であることから、$\forall x_1, x_2 \in A$に対して、

$$(g \circ f)(x_1) = (g \circ f)(x_2) \Rightarrow x_1 = x_2$$

また、合成写像の定義78により、$g \circ f(x) = g(f(x))$

であるから、$g(f(x_1)) = g(f(x_2)) \Rightarrow x_1 = x_2$

しかるに、gがどんな写像であっても元が同じであれば

像は同じであるから、

$$f(x_1) = f(x_2) \Rightarrow g(f(x_1)) = g(f(x_2))$$

$$\therefore f(x_1) = f(x_2) \Rightarrow x_1 = x_2$$

すなわち、fは単射である。

(証明4) $g \circ f$が全射であること、および合成写像の定義78から、

$$\forall z \in C \exists x \in A \ [z = g(f(x))]$$

そこで、この存在する$x \in A$に対して、$y = f(x)$ とすることが

できる。すなわち、$\exists y \in B \ [y = f(x)]$ である。

$$\therefore \forall z \in C \exists y \in B \ [z = g(y))]$$

よって、gは全射である。

(証明5) 3)の結果を用いると、fは全単射となる。

従って、$\forall y_1, y_2 \in B$に対し、

$\exists x_1 \in A \ [y_1 = f(x_1)]$、$\exists x_2 \in A \ [y_2 = f(x_2)]$

しかも、$y_1 \neq y_2$を仮定すると$x_1 \neq x_2$でなければならない。

しかるに、$g \circ f$が単射であるから、$x_1, x_2 \in A$に対して

$x_1 \neq x_2 \Rightarrow g \circ f(x_1) \neq g \circ f(x_2)$

ところで、合成写像の定義78により、

$g \circ f(x_1) = g(f(x_1)) = g(y_1)$

$g \circ f(x_2) = g(f(x_2)) = g(y_2)$

$\therefore g(y_1) \neq g(y_2)$

よって、$y_1 \neq y_2 \ \Rightarrow \ g(y_1) \neq g(y_2) \ \therefore \ g$は単射

(証明6) 4)の結果を用いると、gは全単射となる。

従って、$\forall z \in C$に対し、

$\exists_1 y_1 \in B \ [z = g(y)]$

しかるに、$g \circ f$が全射であるから、このzに対して

$\exists x \in A \ [z = g \circ f(x)]$

ところで、合成写像の定義78により、

$z = g \circ f(x) = g(f(x)) \qquad \therefore g(y) = g(f(x))$

従って、gが写像である限り、どんな写像であっても像が等しければ原像は等しくなければならないから、$y = f(x)$

しかも、gが全単射であるから、Bの任意の元yはCの元zと1対1に対応しているから、

$\forall y \in B$に対して、$\exists x \in A \ [y = f(x)]$

§7.5 逆写像

集合A上の恒等関係は、§6.2の<例1>において、直積集合$A \times A$の部分集合として、すでに$\varDelta$で与えられている。

この恒等関係を集合A上の写像という観点からみると、写像$f: A \to A$において、$\forall a \in A$に対して、$a = f(a)$ となっている。このような性質を持つ写像fを、一般に英字Iで表し、**恒等写像**という。特に、集合A上であることを強調したいときは、Aを添字にしてI_Aで表す。

なお、Iは、恒等の英語Identityの頭文字に由来する。

【定義79】 逆写像

写像$f: A \to B$が単射であるとき、写像$g: f(A) \to A$であって、

$$g \circ f = I_A$$

を満たす写像をfの**逆写像**といい、f^{-1}で表す。

すなわち、$f^{-1} = \{(y, x) \in B \times A \mid (x, y) \in f\}$

ここに、I_AはA上の恒等写像である。

逆射像の概念

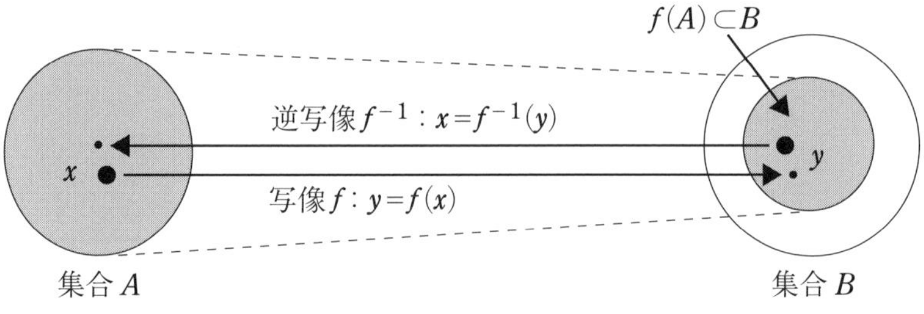

$f(A) \subset B$

逆写像$f^{-1}: x = f^{-1}(y)$

写像$f: y = f(x)$

x y

集合A 集合B

［**注意**］ 通常、逆写像は$B \to A$への写像を指すことが多い。

この場合は、当然のことながら、写像fは全単射であること、すなわち$f(A) = B$が要求される。

今まで、写像に関する色々な類似の用語が出てきたが、それらを混同しないように、本書では以下のような呼称を用いて区別することとする。

	集合の呼称	範囲の呼称	元の呼称	集合の呼称
集合A	始域	定義域	原像	原像集合
集合B	終域	値域	像	像集合

§7.6　単射と全射の双対性

単射と全射の定義そのものからは、なかなか理解しにくいことであるが、単射と全射には、次のような双対性がある。

【定理57】　単射と全射の双対性

2つの写像 $f: A \to B$、$g: B \to A$ に対して、

AおよびB上の恒等写像をそれぞれI_A、I_Bとする。

1）合成写像が$g \circ f = I_A$を満たせば、

fは単射であり、gは全射である。

2）合成写像が$f \circ g = I_B$を満たせば、

fは全射であり、gは単射である。

(証明1)　i）まずfの単射性を示す。$\forall x_1, x_2 \in A$に対して、

$f(x_1) = f(x_2)$ を仮定すると、gがどんな写像で

あっても、元が同じであればその像は同じでなければ

ならないから、

$$g(f(x_1)) = g(f(x_2))$$

合成写像の定義78により、$g(f(x)) = g \circ f\ (x)$

であるから、

$$g \circ f(x_1) = g \circ f(x_2)$$

そこで、$g \circ f = I_A$が成り立てば、

$$x_1 = g \circ f\ (x_1)、x_2 = g \circ f\ (x_2)$$

が成り立つ。従って、$x_1 = x_2$

$\therefore f$は単射である。

ⅱ）次にgの全射性を示す。写像fに関して、定義66により、

$$\forall x \in A に対して、\exists_1 y \in B\ [y = f\ (x)]$$

とおける。しからば、写像gに関して、

$$g(y) = g(f(x))$$

であるから、合成写像の定義78により、

$$g(y) = g \circ f(x)$$

が成り立つ。そこで、$g \circ f = I_A$が成り立てば、

$$g(y) = x$$

つまり、$\forall x \in A$に対して、$\exists y \in B\ [g(y) = x]$

従って、gは全射である。　　　　　　　　Q.E.D.

（証明 2） 同様なので、省略する。

§7.7　全単射の性質

逆写像の定義79において、$A \to B$への写像fが単射であれば、
値域$f(A) \subset B$に関して、$f(A) \to A$の逆写像が存在した。$A \to B$への写像が全単射であるならば、$f(A) = B$となるので、$B \to A$の逆写像が必ず存在することになる。

そこで、集合AからBへの写像に対して、全単射が存在するための必要十分条件に関して、次の定理が成り立つ。

【定理58】 全単射の必要十分条件

写像$f: A \to B$が全単射であるための必要十分条件は、

写像$g: B \to A$が

$$g \circ f = I_A \quad \text{かつ} \quad f \circ g = I_B$$

を満たすことである。このとき、$g = f^{-1}$である。

（証明：必要性） fの単射性により、単射の定義75により

$$\forall y \in B \text{に対して、} \exists_1 x \in A \ [y = f(x)]$$

が成り立つ。そこで、$y \in B$にこのただ1つ定まるxを対応させると、

$$x = g(y)$$

とすることができる。このとき、$y = f(x)$ であることを考え合わせると、

$$x = g(f(x))$$

が成り立つ。しかるに、合成写像の定義78により、

$$g(f(x)) = (g \circ f)(x) \qquad \therefore x = (g \circ f)(x)$$

すなわち、$g \circ f = I_A$ が成り立つ。

fの全射性により、すべてのBの元yに対してAの元xが対応するから、

$$x = g(y)$$

が成り立つ。しかるに、$y = f(x)$ であるから、$y = f(g(y))$

合成写像の定義73により、$f(g(y)) = (f \circ g)(y)$ であるから、

$$f \circ g = I_B$$

が成り立つ。

（証明：十分性） 定理57において、1）と2）が同時に成り立つから、

fもgも、ともに全単射である、

逆写像の定義79により、$f = g^{-1}$、および$g = f^{-1}$となることは明らか。

【定理58の系】
写像$f: A \to B$が全単射であれば、
逆写像$f^{-1}: B \to A$も全単射であり、
$$(f^{-1})^{-1} = f$$
が成り立つ。

(証明) 写像fは全単射であるから、定理57により、逆写像f^{-1}に対して　$f^{-1} \circ f = I_A$　かつ　$f \circ f^{-1} = I_B$
が成り立つ。ここで、$F = f^{-1}$、$g = f$とおいて、逆の見方をすると、
写像$F: B \to A$に対して、写像$g: A \to B$で、
$$F \circ g = I_A \quad \text{かつ} \quad g \circ F = I_B$$
が成り立っている。すなわち、定理57の十分条件が成立している。
よって、Fは全単射である。
ここで、$g = F^{-1}$であるから、gとFをもとに戻して、
$$f = (f^{-1})^{-1}$$ を得る。

【定理59】　合成写像の逆写像
写像$f: A \to B$、写像$g: B \to C$が全単射であるとする。
このとき、合成写像$F: A \to C$とすれば、
$F = g \circ f$ は全単射であり
$(F)^{-1} = f^{-1} \circ g^{-1}$
が成り立つ。

(証明) fおよびgが全単射であるから、

逆写像$f^{-1}: B \to A$、および$g^{-1}: C \to B$

が存在し、定理58の系により、これらはともに全単射である。

そこで、$G = f^{-1} \circ g^{-1}: C \to A$を考える。

$x \in A$、$y \in B$、$z \in C$とすると、

$x = f^{-1}(y)$、$y = g^{-1}(z)$ であるから、

$$x = f^{-1}(g^{-1}(z))$$

合成写像の定義78により、

$$x = (f^{-1} \circ g^{-1})(z) = G(z)$$

しかるに、$z = F(x)$ であるから、

$$x = G(F(x)) = (G \circ F)(x)$$

従って、$G \circ F = I_A$

よって、定義77により、

$$G = (F)^{-1}$$

また、$z = F(G(x)) = (F \circ G)(z)$

よって、$F \circ G = I_B$

すなわち、定理57の十分条件が成立している。∴Fは全単射。

§7.8 集合の写像特性

合併集合、交差集合、差集合などの集合の演算を写像で写すとその像がどうなるかを、写像の場合と逆写像の場合について調べる。

1）写像による像の性質

【定理60】 写像による像の法則

写像$f: A \to B$、および、Aの部分集合A_1, A_2に対して、

1）包含関係：$A_1 \subset A_2 \quad \Rightarrow f(A_1) \subset f(A_2)$

2）合併集合：$f(A_1 \cup A_2) = f(A_1) \cup f(A_2)$

3）交差集合：$f(A_1 \cap A_2) \subset f(A_1) \cap f(A_2)$

（等号が成立しない！）

4）差集合　：$f(A - A_1) \supset f(A) - f(A_1)$

が成り立つ。

（証明1） $\forall y\ [y \in f(A_1)\ \Rightarrow\ y \in f(A_2)]$ を示せばよい。

そこで、$y \in f(A_1)$ を仮定すれば、$\exists x \in A_1\ [y = f(x)]$

$A_1 \subset A_2$であることから、$x \in A_1 \Rightarrow x \in A_2$

$\therefore y = f(x)$、すなわち$y \in f(A_2)$

（証明2） 集合の相等を示すのは、定理32による。

i）まず、$f(A_1 \cup A_2) \subset f(A_1) \cup f(A_2)$ を示す。すなわち、

$y \in f(A_1 \cup A_2) \Rightarrow y \in f(A_1) \vee y \in f(A_2)$ を示せばよい。

そこで、$y \in f(A_1 \cup A_2)$ を仮定すると、

$\exists x \in (A_1 \cup A_2)\ [y = f(x)] \quad \therefore x \in A_1 \vee x \in A_2$

しかるに、$x \in A_1 \Rightarrow y = f(A_1)$、すなわち$y \in f(A_1)$

$x \in A_2 \Rightarrow y = f(A_2)$、すなわち$y \in f(A_2)$

$\therefore y \in f(A_1) \vee y \in f(A_2)$

ii）次に、$[f(A_1) \cup f(A_2)] \subset f(A_1 \cup A_2)$ を示す。すなわち、

$y \in f(A_1) \vee y \in f(A_2) \Rightarrow y \in f(A_1 \cup A_2)$ を示せばよい。

ア）$y \in f(A_1)$ の場合

$\exists x \in A_1 [y = f(x)]$ である。

また、$A_1 \subset (A_1 \cup A_2)$ であるから、

$x \in A_1 \Rightarrow x \in (A_1 \cup A_2)$

従って、$y = f(x) = f(A_1 \cup A_2)$

すなわち、$y \in f(A_1 \cup A_2)$

イ）$y \in f(A_2)$ の場合

$\exists x \in A_2 [y = f(x)]$ である。

また、$A_2 \subset (A_1 \cup A_2)$ であるから、

$x \in A_2 \Rightarrow x \in (A_1 \cup A_2)$

従って、$y = f(x) = f(A_1 \cup A_2)$

すなわち、$y \in f(A_1 \cup A_2)$

(証明3) $y \in f(A_1 \cap A_2)$ とすれば、$\exists x \in (A_1 \cap A_2)$ $[y = f(x)]$

$\therefore x \in A_1 \wedge x \in A_2$

しかるに、$x \in A_1 \Rightarrow y = f(x) \quad \therefore y \in f(A_1)$

$x \in A_2 \Rightarrow y = f(x) \quad \therefore y \in f(A_2)$

$\therefore \quad y \in f(A_1 \cap A_2) \Rightarrow y \in [f(A_1) \cap f(A_2)]$

(証明4) $y \in [f(A) - f(A_1)]$ とすれば、差集合の定義44により

$y \in f(A) \wedge y \notin f(A_1)$

しかるに、$y \in f(A) \Rightarrow \exists x \in A[y = f(x)]$

$y \notin f(A_1) \Rightarrow \exists x \notin A_1 [y = f(x)]$

2）逆写像による像の性質

【定理61】 逆写像による像の法則

写像$f: A \to B$、およびBの部分集合B_1, B_2に対して、

1）包含関係：$B_1 \subset B_2 \quad \Rightarrow f^{-1}(B_1) \subset f^{-1}(B_2)$

2）合併集合：$f^{-1}(B_1 \cup B_2) = f^{-1}(B_1) \cup f^{-1}(B_2)$

3）交差集合：$f^{-1}(B_1 \cap B_2) = f^{-1}(B_1) \cap f(B_2)$

（等号が成立する）

4）差集合　：$f^{-1}(B - B_1) = A - f(B_1)$

が成り立つ。

（証明1） $\forall x \ [x \in f^{-1}(B_1) \Rightarrow x \in f^{-1}(B_2)]$ を示せばよい。

$\forall y \in B_1$とすると、$\exists x \ [x = f^{-1}(B_1)]$

$B_1 \subset B_2 \Leftrightarrow (y \in B_1 \Rightarrow y \in B_2)$

$\Leftrightarrow \ [x \in f^{-1}(B_1) \ \Rightarrow x \in f^{-1}(B_2)]$

（証明2） $x \in f^{-1}(B_1 \cup B_2) \equiv f(x) \in (B_1 \cup B_2)$　（∵逆像の定義71）

$\equiv (f(x) \in B_1) \ \vee \ (f(x) \in B_2)$　（∵合併集合の定義40）

$\equiv [x \in f^{-1}(B_1)] \ \vee \ [x \in f^{-1}(B_2)]$　（∵逆像の定義71）

$\equiv x \in [f^{-1}(B_1) \cup (f^{-1}(B_2)]$　（∵合併集合の定義40）

（証明3） $x \in f^{-1}(B_1 \cap B_2) \equiv f(x) \in (B_1 \cap B_2)$　（∵逆像の定義71）

$\equiv (f(x) \in B_1) \ \wedge \ (f(x) \in B_2)$　（∵交差集合の定義41）

$\equiv [x \in f^{-1}(B_1)] \ \wedge \ [x \in f^{-1}(B_2)]$　（∵逆像の定義71）

$\equiv x \in [f^{-1}(B_1) \ \cap \ (f^{-1}(B_2)]$　（∵交差集合の定義41）

(**証明 4**) $x \in f^{-1}(B - B_1) \equiv f(x) \in (B - B_1)$　（∵逆像の定義71）
$\equiv (f(x) \in B) \wedge (f(x) \notin B_1)$　（∵差集合の定義44）
$\equiv [x \in A] \wedge [x \notin f^{-1}(B_1)]$　（∵逆像の定義71）
$\equiv x \in [A - f^{-1}(B_1)]$　（∵差集合の定義44）

定理60と定理61を比べると写像の違いがよく分かる。
逆写像による像の法則の方が、すべて等号で結ばれており、性質が素直である。このため、写像による性質を述べるときは、通常、逆写像が用いられることが多い。

§7.9　射影

【定義80】　射影
A、Bを集合とする。直積集合$A \times B$の元（x, y）に対して、
xを対応させる写像を、$A \times B$からA**への射影**といい、

pr_A　あるいは　proj_A

と書き、yを対応させる写像を$A \times B$からB**への射影**といい、

pr_B　あるいは　proj_B　と書く。

具体的には、$\begin{cases} \mathrm{pr}_A(x,\ y) = x & \cdots\cdots \text{直積の第1成分} \\ \mathrm{pr}_B(x,\ y) = y & \cdots\cdots \text{直積の第2成分} \end{cases}$

である。

射像の概念図

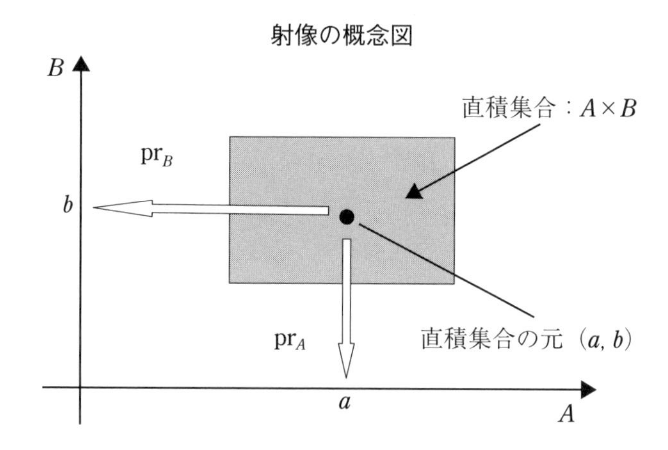

このように、射影を幾何学的にとらえると、直積集合からその座標成分を取り出す写像が射影であると言える。

【定義81】　標準的射影

集合Aの元aに対して、商集合$A/\sim$の元$C(a)$ を対応させる写像を**標準的射影**という。

第8章　特性関数

本章では、配置集合と呼ばれる写像の集合と、特性関数と呼ばれる集合を定める関数を中心にして、集合の元の個数などとの関連を調べる。

§8.1　写像の集合

【定義82】　配置集合

集合AからBへの写像の全体

$$\{f \mid f: A \to B\}$$

をAの上のBの**配置集合**といい、

$$\mathrm{map}(A,\ B)、\text{または}\quad B^A$$

で表す。

写像$f: A \to B$と、直積$A \times B$の部分集合である写像fのグラフ$G(f)$とを同一視するならば、配置集合B^Aは巾集合$\wp(A \times B)$の部分集合と同一視することができる。

§8.2　特性関数

配置集合B^Aにおいて、特に、$B = \{0, 1\}$の場合に、普遍集合Ωの部分集合Aに対して、次のように定められるΩからBへの写像（この場合は定義69により関数といえる）を、**特性**（あるいは**特徴**）**関数**という。英語では、characteristic function という。

【定義83】 特性関数

Aを集合とし、Ωを普遍集合とする。写像$\chi : \Omega \to \{0, 1\}$ を

$$\chi(A, x) := \begin{cases} 1 & \cdots\cdots x \in A \text{のとき} \\ 0 & \cdots\cdots x \notin A \text{(すなわち} x \in \Omega - A \text{)のとき} \end{cases}$$

と定めるとき、

$\chi(A, x)$ を(Ωにおける)**Aの特性(特徴)関数**という。

特性関数は$\chi_A(x)$ とも書く。χはギリシャ文字で「カイ」と読む。特徴という英語characterの冒頭の2文字chの発音に相当するギリシャ文字を当てている。

任意の集合は、特性関数を用いて表すことができる。

集合:$\{x \mid \chi(A, x) = 1, x \in \Omega\}$ は、集合Aを定める。

それゆえに、**定義関数**ともいわれる。

そこで、集合Aを特性関数χ_Aに対応させる写像をφとする。集合AはΩの巾集合の元であるから$A \in \wp(\Omega)$ であり、Aの特性関数χ_Aは配置集合 $\{0, 1\}^\Omega$の要素であるから、$\chi_A \in \{0, 1\}^\Omega$である。

従って、$\varphi : \wp(\Omega) \to \{0, 1\}^\Omega$ とすれば、$\varphi(A) = \chi_A$

また、特性関数は、上述したように、逆に集合を定めることから、この写像をψとする。

$\psi : \{0, 1\}^\Omega \to \wp(\Omega)$ とすれば、$\psi(\chi_A) = \{x \in \Omega \mid \chi_A(x) = 1\}$

【定理62】 $\wp(\Omega)$ から $\{0, 1\}^{\Omega}$ への写像 φ の性質

写像 φ と ψ は互いに逆写像である。

すなわち、 $\psi\circ\varphi = I_A$ および $\varphi\circ\psi = I_B$ が成り立つ。

（証明） 合成写像の定義78により、

$$\psi\circ\varphi(A) = \psi(\varphi(A)) = A$$

を示せばよい。 しかるに、$\varphi(A) = \chi_A$ であるから、

$$\psi(\varphi(A)) = \psi(\chi_A) = \{x \in \Omega \mid \chi_A(x) = 1\} = A$$

$$\therefore \quad \psi\circ\varphi(A) = A \qquad \text{すなわち、} \psi\circ\varphi = I_A$$

同様に、合成写像の定義78により、

$$\varphi\circ\psi(\chi_A) = \varphi(\psi(\chi_A)) = \chi_A$$

を示せばよい。しかるに、$\psi(\chi_A) = \{x \in \Omega \mid \chi_A(x) = 1\} = A$

であるから、$\varphi(\psi(\chi_A)) = \varphi(A) = \chi_A$

$$\therefore \quad \varphi\circ\psi(\chi_A) = \chi_A \qquad \text{すなわち、} \varphi\circ\psi = I_B$$

定理62は、写像 $\varphi : \wp(\Omega) \to \{0, 1\}^{\Omega}$ が全単射であることを示している。（∵定理58）

従って、次の２つの定理が得られる。

【定理63】 特性関数による集合の相等性

普遍集合 Ω の任意の部分集合 A と B に対し、

特性関数を χ_A、χ_B とするとき

$$A = B \quad \Leftrightarrow \quad \chi_A - \chi_B$$

この定理は、集合が等しいことを証明するための１つの新しい手段を提供するものである。

従来は、集合が等しいことを証明する方法は、以下の2通りしかなかった。

定義38：定義に従って、$x \in A \Leftrightarrow x \in B$ を示す方法

定理32：包含関係によって、$(A \subset B) \land (B \subset A)$ を示す方法

【定理64】 巾集合の元の個数

$$|\wp(\Omega)| = |\{0, 1\}^{\Omega}|$$

集合Ωの元の個数をnとし、個々の元を$\omega_1, \omega_2, \cdots\cdots, \omega_n$とすると、

$$|\Omega| = n$$

定義82により、配置集合$B = \{0, 1\}^{\Omega}$の元の個数は、

写像$\varphi : \Omega \to \{0, 1\}$の総数であったから、写像$\varphi$が具体的にいくつあるかを計算する。

ω_1からの写像の数：0か1への2通り

ω_2からの写像の数：0か1への2通り

…………

ω_nからの写像の数：0か1への2通り

$$\overbrace{2 \times 2 \times \cdots\cdots \times 2}^{n\text{個}} = 2^n$$

ω_1の2通りのそれぞれに対してω_2の2通りがあり、……となって、

総計2^nとなる。

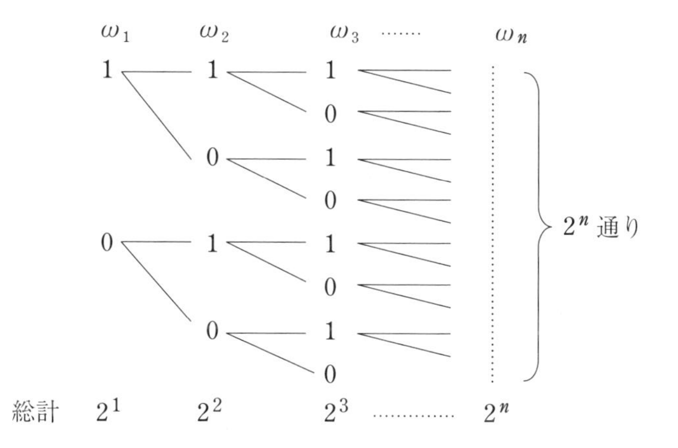

以上より、$|\{0, 1\}^{\Omega}| = 2^{|\Omega|}$である。

従って、定理64により、$|\wp(\Omega)| = 2^{|\Omega|}$

§8.3 特性関数の性質

特性関数の性質に関し、次の定理とその系が得られる。ただし、集合AおよびBの特性関数をそれぞれ$\chi(A, x)$、$\chi(B, x)$とする。

【定理65】 特性関数の基本的な性質

1）空集合　：$\chi(\phi, x) = 0$

2）普遍集合：$\chi(\Omega, x) = 1$

3）直和　　：$\chi(A \sqcup B, x) = \chi(A, x) + \chi(B, x)$

4）交差集合：$\chi(A \cap B, x) = \chi(A, x) \cdot \chi(B, x)$

(証明1) 空集合ϕの特性関数

空集合の定理31により、どんな対象も空集合ϕの元になり得ないから、

$x \notin \phi$

$\therefore \quad \chi(\phi, x) = 0$

（証明2） 普遍集合Ωの特性関数

どんな対象も普遍集合Ωの元であるから、常に$x \in \Omega$

$$\chi(\Omega,\ x) = 1$$

（証明3） 直和$A \sqcup B$の特性関数

定義83により、$x \in (A \sqcup B)$ のときは、$\chi(A \sqcup B,\ x) = 1$であって、$x \notin (A \sqcup B)$ のときは、$\chi(A \sqcup B,\ x) = 0$である。

i）$x \in (A \sqcup B)$ のとき

$x \in (A \sqcup B) \Leftrightarrow x \in A \vee x \in B$である。

しかるに、直和であるので、

ア）$x \in A$であれば$x \notin B$である。すなわち、$x \in A \wedge x \notin B$

$\chi(A, x) = 1 \wedge \chi(B, x) = 0$　∴右辺 $= 1 =$ 左辺

イ）$x \notin A$であれば$x \in B$である。すなわち、$x \notin A \wedge x \in B$

$\chi(A, x) = 0 \wedge \chi(B, x) = 1$　∴右辺 $= 1 =$ 左辺

ii）$x \notin (A \sqcup B)$ のとき

$x \notin (A \sqcup B) \Leftrightarrow x \notin A \wedge x \notin B$である。

$\chi(A, x) = 0 \wedge \chi(B, x) = 0$　∴右辺 $= 0 =$ 左辺

（証明4） 交差集合$A \cap B$の特性関数

定義83により、$x \in A \cap B$のときは、$\chi(A \cap B,\ x) = 1$であって、$x \notin (A \cap B)$ のときは、$\chi(A \cap B,\ x) = 0$である。

i）$x \in (A \cap B)$ のとき

$x \in (A \cap B) \Leftrightarrow x \in A \wedge x \in B$であるから、

$\chi(A,\ x) = 1 \wedge \chi(B,\ x) = 1$　∴　右辺 $= 1 =$ 左辺

ii）$x \notin (A \cap B)$ のとき

$x \notin (A \cap B) \Leftrightarrow x \notin A \vee x \notin B$であるから、

$\chi(A,\ x) = 0 \vee \chi(B,\ x) = 0$　∴　右辺 $= 0 =$ 左辺

【定理65の系】 特性関数の性質

1）補集合　：$\chi(A^c,\ x) = 1 - \chi(A,\ x)$

2）差集合　：$\chi(A - B,\ x) = \chi(A,\ x) \cdot (1 - \chi(B,\ x))$

3）合併集合：$\chi(A \cup B,\ x) = \chi(A,\ x) + \chi(B,\ x)$

$- \chi(A,\ x) \cdot \chi(\mathrm{B},\ x)$

（証明1） 補集合A^cの特性関数

普遍集合Ωは、集合Aとその補集合A^cの直和であるから、

$$A \sqcup A^c = \Omega$$

そこで定理65の2）と3）の結果を考慮すれば、

$$\chi(A,\ x) + \chi(A^c,\ x) = \chi(\Omega,\ x) = 1$$

が得られる。これより上記の式が導かれる。

（証明2） 差集合（$A - B$）の特性関数

差集合の定義44により、$x \in (A - B) \quad \Leftrightarrow \quad x \in A \wedge x \notin B$

$\Leftrightarrow \quad x \in A \wedge x \in B^c$

これはAとB^cの交差集合を意味するから、定理62の4）と、

定理65の系1）の結果により、

$$\chi(A - B,\ x) = \chi(A,\ x) \cdot (1 - \chi(B,\ x))$$

（証明3） 合併集合$A \cup B$の特性関数

ベン図より明らかなように、合併集合$A \cup B$を直和分割すれば、

$$A \cup B = (A - B) \sqcup (B - A) \sqcup (A \cap B)$$

である。従って、定理62の3）の結果を用いると、

$$\chi(A \cup B,\ x) = \chi(A - B,\ x) + \chi(B - A,\ x) + \chi(A \cap B,\ x)$$

が成り立つ。

ここで、定理65の系2）と定理65の4）との結果を用いると、

$$\chi(A \cup B,\ x) = \chi(A,\ x) \cdot (1 - \chi(B,\ x))$$

$$+ \chi(B, x) \cdot (1 - \chi(A, x))$$
$$+ \chi(A, x) \cdot \chi(B, x)$$
$$\therefore \quad \chi(A \cup B, x) = \chi(A, x) + \chi(B, x) - \chi(A, x) \cdot \chi(B, x)$$

［問題1］ 集合AとBの特性関数をχ_Aとχ_Bとするとき、次の集合の特性関数をχ_Aとχ_Bを用いて表せ。

1）$(A \cup B)^c$　　2）$A^c \cap B^c$

［解答］ 定理65とその系を用いて示す。

1）$\chi((A \cup B)^c, x) = 1 - \chi(A \cup B, x)$
$= 1 - (\chi_A + \chi_B - \chi_A \chi_B)$
$= 1 - \chi_A - \chi_B + \chi_A \chi_B$

2）$\chi((A^c \cap B^c), x) = \chi(A^c, x)\ \chi(B^c, x)$
$= (1 - \chi_A)(1 - \chi_B)$
$= 1 - \chi_A - \chi_B + \chi_A \chi_B$

［問題2］ 合併集合、および交差集合に関するド・モルガンの法則（定理44）を、特性関数が等しいこと（定理63）を用いて、証明せよ。

［解答］ 1）合併集合に関する法則：$(A \cup B)^c = A^c \cap B^c$

上記の［問題1］の結果から、左右両辺の特性関数が等しい。特性関数は集合と1対1の関係にあるから、両辺の集合は等しい。

2）交差集合に関する法則：$(A \cap B)^c = A^c \cup B^c$

$\chi((A \cap B)^c, x) = 1 - \chi(A \cap B, x)$
$= 1 - \chi_A \chi_B$

$$\chi((A^c \cup B^c),\ x) = \chi(A^c,\ x) + \chi(B^c,\ x) - \chi(A^c,\ x)$$
$$\chi(B^c,\ x) = (1 - \chi_A) + (1 - \chi_B) - (1 - \chi_A)\cdot(1 - \chi_B)$$
$$= 1 - \chi_A \chi_B$$

よって、両辺の特性関数が等しいから、集合は等しい。

§8.4　元の個数と特性関数

さて、ここで特性関数を用いて集合の元の個数をカウントするのに便利な「総和」という関数を用意する。

【定義84】　総和

集合Ωから実数全体の集合$\mathbb{R}$への写像$f: A \to \mathbb{R}$が与えられたとき

$$S(f) := \Sigma_{x \in \Omega} f(x)$$

を写像fの**総和**という。

今、Ωの部分集合Aから$\{0,\ 1\}$への写像である特性関数は、定義84における写像fに該当する。よって、定義84の定義式に従って、特性関数$\chi(A,\ x)$の総和$S(\chi(A,\ x))$を求めることができる。$A \sqcup A^c = \Omega$であること、および$x \in A^c \Leftrightarrow x \notin A$に注意すると、

$$S(\chi(A,\ x)) = \Sigma_{x \in \Omega} \chi(A,\ x) = \Sigma_{x \in A} \chi(A,\ x) + \Sigma_{x \notin A} \chi(A,\ x)$$

しかるに、集合Aの外、すなわち$x \in A^c$では、$\chi(A,\ x) = 0$であるから

$$\Sigma_{x \notin A} \chi(A,\ x) = 0$$

従って、$S(\chi(A,\ x)) = \Sigma_{x \in A} 1 = |A|$となる。

このことは、特性関数の総和はAの元の個数に等しいことを表している。

よって、集合の元の個数に関する次の定理を得る。

【定理66】 有限集合の元の個数：その1

集合Ωの部分集合Aに対して、Aの元の個数$|A|$は

$$|A| = S(\chi(A, x))$$

で与えられる。

定理66は原理としては重要だけれども、実際には使いにくい。

しかし、次の定理は非常に使いやすい。

【定理67】 有限集合の元の個数：その2

集合Ωの部分集合Aに対して、AがA_i（$i = 1, 2, \cdots\cdots, n$）の直和

$$A = \bigsqcup_{i=1}^{n} A_i = A_1 \sqcup A_2 \sqcup \cdots\cdots \sqcup A_n$$

で表されるとき、Aの元の個数$|A|$は

$$|A| = \sum_{i=1}^{n} |A_i|$$

で与えられる。

（証明） 各A_iの特性関数を$\chi(A_i, x)$、$i = 1, 2, \cdots\cdots, n$ とする。

しからば、A_iはAの直和であることから、定理65の3）によって、

$$\chi(A, x) = \sum_{i=1}^{n} \chi(A_i, x)$$

ところで、定理66により、$|A| = S(\chi(A, x))$ であるから、

この式に上式を代入して

$$|A| = S(\sum_{i=1}^{n} \chi(A_i, x)) = \sum_{i=1}^{n} S(\chi(A_i, x))$$

ここで、各（$\chi(A_i, x)$ に対して定義84を適用すると、

$$S(\chi(A_i, x)) = \Sigma_{x \in \Omega} \chi(A_i, x)$$
$$= \Sigma_{x \in A_i} \chi(A_i, x) + \Sigma_{x \notin A_i} \chi(A_i, x)$$
$$= |A_i|$$

従って、$|A| = \sum_{i=1}^{n} |A_i|$ 　　　　Q.E.D.

＜例＞ 合併集合$A \cup B$の元の個数を求め、

$|A| = \boldsymbol{m}$、$|B| = \boldsymbol{n}$、および$|A \cap B| = \boldsymbol{k}$で表せ。

定理62の系の3）より、$A \cup B$の特性関数は、

$$\chi(A \cup B,\ \boldsymbol{x}) = \chi(A,\ \boldsymbol{x}) + \chi(B,\ \boldsymbol{x}) - \chi(A,\ \boldsymbol{x}) \cdot \chi(B,\ \boldsymbol{x})$$

である。従って、定理66によって

$$\begin{aligned} |A - B| &= S(\chi(A \cup B,\ \boldsymbol{x})) \\ &= S(\chi(A,\ \boldsymbol{x})) + S(\chi(B,\ \boldsymbol{x})) - S(\chi(A,\ \boldsymbol{x}) \cdot \chi(B,\ \boldsymbol{x})) \\ &= |A| + |B| - |A \cap B| = \boldsymbol{m} + \boldsymbol{n} - \boldsymbol{k} \end{aligned}$$

なぜなら、特性関数の積が$\chi(A,\ \boldsymbol{x}) \cdot \chi(B,\ \boldsymbol{x}) = 1$となるのは、

$\boldsymbol{x} \in A \wedge \boldsymbol{x} \in B$のとき、すなわち、$\boldsymbol{x} \in (A \cap B)$ のときであるから。

第9章　順序

二項関係には、同値関係の他にもう一つ重要な関係がある。それは順序関係である。順序関係とは、その名の通り、集合の元の間の序列を示す関係であるが、

・病院では、病気の重篤さとは無関係に受付の順番で診察される
・学校では、身長の低い順に前から順番に整列する
・学校では、クラス名簿を「あいうえお」順で作る
　　…………等々、

我々は日常的にいろいろな順序に出あっている。

それでは、順序関係とは、一体どんな性質を持った二項関係なのかを考えてみよう。

§9.1　順序とは

順序とは何かと考えると、冒頭の3つの例を見れば、ある程度は推測できるように、

集合の元の並べ方を決めている規則そのもの

あるいは、

その結果として、すべての集合の元が並んだ状態

を指すものと考えられる。

今、ある規則に従って、集合Xの元をすべて左から順に並べることができたものとする。このとき、集合Xの任意の2つの元a, bの並び方には、次に示す基本的な3つの相異なる並び方が存在する。
今、これをα、β、γと名づける。

α）aがbよりも左側にある。（この関係を$a < b$で表す。）

$$\cdots\cdots a \cdots\cdots b \cdots\cdots$$

β）bがaよりも左側にある。（この関係を$b < a$で表す。）

$$\cdots\cdots b \cdots\cdots a \cdots\cdots$$

γ）aとbは同じ位置にある。（この関係を$a = b$で表す。）

$$\cdots\cdots \quad \begin{matrix} a \\ b \end{matrix} \quad \cdots\cdots$$

ただし、「…」は集合Xのa，b以外の他の元を表す。

従って、集合Xに順序が存在するとすれば、aとbの並び方については、

①　3つの並び方α、β、γの内、どれかひとつだけが成り立つ

②　それがどれであっても、推移律（定義61）が成り立つ

ことが確認できる。

どの並び方に対しても、推移律が成り立つことは、以下の通りである。

αの並び方では、$(a < b) \wedge (b < c) \Rightarrow a < c$

βの並び方では、$(b < a) \wedge (c < b) \Rightarrow c < a$

γの並び方では、$(a = b) \wedge (b = c) \Rightarrow a = c$

逆に、集合Xの任意の2元a，bに対して何らかの関係Rが与えられているとき、その関係Rに関して、すなわち、$\forall(a, b) \in R$に対して、次の2つの並び方

ア）$a \neq b$のとき、$a < b$とする

イ）$a \neq b$のとき、$b < a$とする

のうち、どれか1つを指定しておくだけで、関係Rが推移律を満すならば集合Xの元を、左から右へと、以下のように、すべてを並べることがで

きるであろう。

$a=b$のときは、γの並び方をするし、

$a\neq b$のときは、

ア）の指定であれば、αの並び方をする

イ）の指定であれば、βの並び方をする

従って、①と②とは、順序が存在するための必要十分条件であることが分かった。これで順序を定義できる準備が整ったわけであるが、①の表現はなんとなく「数学らしく」ない。

そこで、順序の厳密な定義は後回しにして、①に代わる「数学らしい」内容を求めて、当面は、①とは一体何なのかを更に考える。

順序が存在している限りは、α、β、γの3つの並べ方のどれもが成立していないということはあり得ず、少なくともどれか1つは必ず成立しているはずである。

そこで、α、β、γの3つの並び方を扱う一般的な原則として、

「少なくともどれか1つだけが成り立つ」

すなわち、これを論理の言葉を用いて書くと

$\alpha\vee\beta\vee\gamma\equiv \mathrm{I}$　　……（原則Ⅰ）

というものを考える。

これは①そのものであって、生起しうる事象に関して、最も緩やかな拘束（実際は何も拘束していない）である。

原則Ⅰの下で成り立つ順序を、分類し列挙すると、

Ⅰ-ア）ただ1つだけが成り立つもの：

α、β、γ

Ⅰ-イ）同時に2つが成り立つもの：

$\alpha \vee \gamma$、$\beta \vee \gamma$、$\alpha \vee \beta$、$\alpha \wedge \gamma$、$\beta \wedge \gamma$、$\alpha \wedge \beta$

Ⅰ-ウ）同時に3つが成り立つもの：

$(\alpha \vee \beta) \vee \gamma$、$(\alpha \vee \beta) \wedge \gamma$、$(\alpha \vee \gamma) \vee \beta$、$(\alpha \vee \gamma) \wedge \beta$、
$(\beta \vee \gamma) \vee \alpha$、$(\beta \vee \gamma) \wedge \alpha$、etc.

α、β、γの3つの並び方は、まったく異なるのであるから、相互の両立は成り立たない。すなわち、「どの2つも両立しない」を論理の言葉を用いて書くと

$\alpha \wedge \beta \equiv 0$、$\alpha \wedge \gamma \equiv 0$、$\beta \wedge \gamma \equiv 0$……（原則Ⅱ）

である。

原則Ⅰに対して、原則Ⅱの拘束を加えるとどうなるか。

上記のⅠ-イ）とⅠ-ウ）が除外され、最終的にⅠ-ア）だけとなって、「α、β、γのうち、どれか1つ、しかも、ただ1つだけが成り立つ」ということになる。これは①にほかならない。

すなわち、①は、順序の成立に関する原則Ⅰに対して、原則Ⅱの制限を加えたものとなっており、それだけ順序の意味が狭いもの、すなわち、狭義となっている。それ故に、①によって成り立つ順序のことを「狭義の順序」という。

これに対して、無拘束で成り立つ順序、すなわち、原則Ⅰによって成り立つ順序で、狭義の順序を除いたものを、「広義の順序」という。

よって、「狭義の順序」に該当するのは原則Ⅰ–ア）であり、「広義の順序」に該当するのは、残りの原則Ⅰ–イ）とⅠ–ウ）となる。

そこで、「広義の順序」が持っている性質を調べるために、「狭義の順序」を用いて、

$$a \preccurlyeq b :\; = \alpha \vee \gamma \equiv (a < b) \vee (a = b)$$

$$b \preccurlyeq a :\; = \beta \vee \gamma \equiv (b < a) \vee (a = b)$$

と定義する。すなわち、この定義は「等号を含む順序」を意味するものとなっている。

では、論理積 $(a \preccurlyeq b) \wedge (b \preccurlyeq a)$ はどうなるだろうか。

$$(a \preccurlyeq b) \wedge (b \preccurlyeq a) \equiv (\alpha \vee \gamma) \wedge (\beta \vee \gamma)$$

$$\equiv [(\alpha \vee \gamma) \wedge \beta] \vee [(\alpha \vee \gamma) \wedge \gamma] \quad (\because 分配律)$$

さらに、上記に対して更に分配律を適用すると、

$$(a \preccurlyeq b) \wedge (b \preccurlyeq a)$$

$$\equiv [(\alpha \wedge \beta) \vee (\gamma \wedge \beta)] \vee [(\alpha \wedge \gamma) \vee (\gamma \wedge \gamma)]$$

しかるに、原則Ⅱであること、および巾等律により、

$$\gamma \wedge \gamma \equiv \gamma、\mathrm{O} \vee \mathrm{O} \equiv \mathrm{O}$$

であることに留意すると、

$$(a \preccurlyeq b) \wedge (b \preccurlyeq a) \equiv [\mathrm{O} \vee \mathrm{O}] \vee [\mathrm{O} \vee \gamma] \equiv \mathrm{O} \vee \gamma \quad (\because 定理10\text{–}1)$$

$$\equiv \gamma \quad (\because 定理10\text{–}1)$$

これは、反対称律（定義60）が常に成り立つことを示している。

一方、論理和 $(a \preccurlyeq b) \vee (b \preccurlyeq a)$ はどうなるか。

$(a \preccurlyeq b) \vee (b \preccurlyeq a) \equiv (\alpha \vee \gamma) \vee (\beta \vee \gamma) \equiv \alpha \vee \beta \vee (\gamma \vee \gamma)$ （∵結合律）

$\equiv \alpha \vee \beta \vee \gamma$ （∵巾等律）

$\equiv \mathrm{I}$ （∵（原則Ⅰ）による）

すなわち、原則Ⅰ-ウ）は常に成り立つことを、意味している。

さらに、$(a \preccurlyeq b)$ が反射律（定義58）を満たしているかどうかを調べると、

$a \preccurlyeq a \equiv (a < a) \vee (a = a) \equiv \mathrm{O} \vee \mathrm{I} \equiv \mathrm{I}$ （∵定理10-1）

これは、反射律が常に成り立つことを示している。

以上をまとめると、「広義の順序」においては、

反射律、反対称律、推移律の3つがともに成り立つ

ことが分かった。

次に、「狭義の順序」について、推移律が成り立つことは既に明らかになっているので、反射律と反対称律が成立するか否かについて調べることにしよう。

まず、反射律については、どうだろうか。

$a < a \equiv \mathrm{O}$ であるから、当然ながら、成り立たない。

しかし、逆に、$\neg(a < a)$ が成り立っている。 （∵定理8-2）

次に、反対称律については、どうだろうか。

原則Ⅱにより、

$(a < b) \wedge (b < a) \equiv \alpha \wedge \beta = \mathrm{O}$ であるから、これも成り立たない。

しかし、逆に、$\neg[(a < b) \wedge (b < a)]$ が成り立っているのである。

（∵定理8-2）

以上により、「狭義の順序」では、

反射律と反対称律は成り立たず、推移律だけが成り立つことが分かった。

従って、狭義の順序と広義の順序を分かれ目は、反射律を満たすか否かにある。よって、次の定義を得る。

【定義85】 広義順序

集合A上の関係$\preccurlyeq$が、$\forall x$、y、$z \in A$に対して

1）反射律　$x \preccurlyeq x$

2）反対称律　$(x \preccurlyeq y) \wedge (y \preccurlyeq x) \Rightarrow x \preccurlyeq y$

3）推移律　$(x \preccurlyeq y) \wedge (y \preccurlyeq z) \Rightarrow x \preccurlyeq z$

を満たすとき、**広義順序**（または**反射的順序**）という。

これらの３条件を合わせて**順序律**という。

同値関係と比べると、同値関係は反射律・対称律・推移律を満たす関係であったのに対して、順序関係は、対称律は満たさず、その代わりに反対称律を満たす関係である。これが順序律と同値律の大きな相違点である。

【定義86】 狭義順序

集合A上の関係$\preccurlyeq$が、$\forall x$、y、$z \in A$に対して、次の３条件

1）$\neg (x \preccurlyeq x)$

2）$\neg [(x \preccurlyeq y) \wedge (y \preccurlyeq x)]$

3）推移律　$(x \preccurlyeq y) \wedge (y \preccurlyeq z) \Rightarrow x \preccurlyeq z$

を満たすとき、**狭義順序**（または**非反射的順序**）という。

我々が、本節の冒頭で考察していた順序、すなわち、条件①と②を満たす順序は、じつは、「狭義の順序」であったのである。

次節からは、より一般性の高い順序（すなわち、広義の順序）を考察の対象とし、これからは、「広義の順序」を、単に「順序」ということにする。
では順序にはどんなものがあるか、具体例を取り上げて調べてみよう。

＜例 1 ＞自然数の大小関係（記号≦）は順序関係である。

$\forall (x, y) \in \mathbb{N}$ に対して、大小関係を $x \preccurlyeq y \Leftrightarrow \forall (a, b) \in \mathbb{N}\ [a \leqq b]$

と定める。

反射律　：$x \preccurlyeq x$ は、$a \leqq a$

反対称律：$(x \preccurlyeq y) \land (y \preccurlyeq x) \Rightarrow x = y$ は、

$(a \leqq b) \land (b \leqq a) \Rightarrow a = b$

推移律　：$(x \preccurlyeq y) \land (y \preccurlyeq z) \Rightarrow x \preccurlyeq z$ は、

$(a \leqq b) \land (b \leqq c) \Rightarrow a \leqq c$

順序律が明らかに成り立つから、自然数の大小関係は順序関係である。

＜例 2 ＞自然数における整除関係（記号｜）は順序関係である。

$\forall (x, y) \in \mathbb{N}$ に対して、整除関係を $x \preccurlyeq y \Leftrightarrow \forall (a, b) \in \mathbb{N}\ [a \mid b]$

と定める。$a \mid b$ の意味は、b は a で割り切れる（あるいは a は b の約数）である。

反射律　：$x \preccurlyeq x$ は、$a \mid a$

a は a で割り切れるから、成り立つ。

反対称律：$(x \preccurlyeq y) \land (y \preccurlyeq x) \Rightarrow x = y$ は、

$(a \mid b) \land (b \mid a) \Rightarrow a = b$

$a \mid b$ ならば、$b = ma$（$m \in \mathbb{N}$）と書ける。$b \mid a$ ならば、

$a = nb$（$n \in \mathbb{N}$）と書ける。　よって、$a = nma$

$\therefore\ nm = 1$ である。しかるに、m と n は自然数であるから、

$m = n = 1$　すなわち、$a = b$

推移律　：$(x \preccurlyeq y) \land (y \preccurlyeq z) \Rightarrow x \preccurlyeq z$は、

$(a \mid b) \land (b \mid c) \Rightarrow a \mid c$

$a \mid b$なら、$b = ma$ $(m \in \mathbb{N})$。$b \mid c$なら、

$c = kb$ $(k \in \mathbb{N})$　$\therefore c = kma$

しかるに、$km \in \mathbb{N}$であるから、$a \mid c$

順序律が成り立つから、自然数の整除性は順序関係である。

＜例3＞Mを集合とするとき、$\wp(M)$の元の包含関係（記号$\subset$）は順序関係である。$\forall A, B \in \wp(M)$に対して、包含関係を$x \preccurlyeq y \Leftrightarrow A \subset B$と定める。

反射律　：$x \preccurlyeq x$は　$A \subset A$。

これは、定義39の注1により成り立つ。

反対称律：$(x \preccurlyeq y) \land (y \preccurlyeq x) \Rightarrow x = y$は、

$(A \subset B) \land (B \subset A) \Rightarrow (A = B)$

これは、定理32により成り立つ。

推移律　：$(x \preccurlyeq y) \land (y \preccurlyeq z) \Rightarrow x \preccurlyeq z$は、

$(A \subset B) \land (B \subset C) \Rightarrow (A \subset C)$

これは、定理33により成り立つ。

順序律が成り立つから、集合の包含関係は、順序関係である。

このように、数の大小関係以外にも順序関係が存在するのである。

例2の整数の整除性（割り切れる、または約数関係）も、

例3の集合の包含関係も

順序関係なのである。

§9.2　順序集合と部分順序集合

ある集合に順序が存在する時、この集合を特に順序集合という。

【定義87】　順序集合
集合A上に順序 $\preceq$ を持つ集合を**順序集合**といい、
集合と順序を組み合わせて、$(A,\ \preceq)$ で表す。このとき、
集合Aを**台集合**（略して単に**台**）という。

順序集合の部分集合は、集合が部分集合であるとともに、その順序ももとの集合の順序を維持していなければならない。このようなとき、この部分集合を部分順序集合という。

【定義88】　部分順序集合
2つの順序集合 $(A,\ \preceq_A)$、$(B,\ \preceq_B)$ に対して
　1）$A \subset B$
　2）$\forall a,\ b \in A$に対して　$a \preceq_A b \Rightarrow a \preceq_B b$
が成り立つとき、$(A,\ \preceq_A)$ を
$(B,\ \preceq_B)$ の**部分順序集合**という。

<例>自然数全体の集合を$\mathbb{N}$とし、偶数全体の集合をEとする。
　すると、集合Eは集合$\mathbb{N}$の部分順序集合となる。
　明らかに、1）と2）が成り立つからである。

§9.3 全順序

§9.1の例1と例2は同じ自然数$\mathbb{N}$上の順序関係であるけれども、それには大きな相違がある。それは何かといえば、例1の大小関係は、

$\forall a, b \in \mathbb{N}$に対して、必ず$a \leqq b$か$b \leqq a$のどちらかが成り立つのに対して、例2の整除関係では、$a \mid b$と、$b \mid a$のどちらも成り立たない場合があることである。

例えば、$2, 3 \in \mathbb{N}$に対して、$2 \mid 3$も、$3 \mid 2$も、どちらも成り立たない。また、§9.1の例3についても、$M = \{1, 2, 3\}$において、$A = \{1\}$、$B = \{2\}$とすれば、$A \subset B$も、$B \subset A$も、どちらも成り立たない。

このような状況において、$a \preccurlyeq b$か$b \preccurlyeq a$の少なくともいずれか一方が成り立つような順序であるとき、これを全順序という。すなわち、

【定義89】 全順序

集合A上の**順序関係** $\preccurlyeq$ に対して、

$$\forall x \in A \, \forall y \in A \, [(x \preccurlyeq y) \lor (y \preccurlyeq x)]$$

が成り立つとき、**全順序**という。

このとき、集合Aを**全順序集合**という。

§9.4　最大元と最小元

集合Xの最大元または最小元とは、それぞれ次の定義を満たすものをいう。

【定義90】　最大元
（X, $\preccurlyeq$）を順序集合とし、AをXの部分集合とする。
$a \in A$に対して、

$$\forall x \in A \ [x \preccurlyeq a]$$

が成り立つとき、aをAの**最大元**といい、

$$a = \max A$$ で表す。

【定義91】　最小元
（X, $\preccurlyeq$）を順序集合とし、AをXの部分集合とする。
$a \in A$に対して、

$$\forall x \in A \ [a \preccurlyeq x]$$

が成り立つとき、aをAの**最小元**といい、

$$a = \min A$$ で表す。

<例>以下のいずれにおいても、順序は数の大小関係とする。

閉区間 $[0, 1] = \{x \in \mathbb{R} \mid 0 \leqq x \leqq 1\}$ の
　最大元は1で、最小元は0である。

開区間 $(0, 1) = \{x \in \mathbb{R} \mid 0 < x < 1\}$ には、
　最大元も最小元も存在しない。

集合 $\{x \in \mathbb{Q} \mid (0 < x) \wedge (2 < x^2 \leqq 4)\}$ の

最大元は2で、最小元は存在しない。

上記の例から分かるように、最大元や最小元は、必ずしも存在するとは限らない。しかし、存在するならば、それらはただ1つしかない。

【定理68】 最大（小）元の唯一性

順序集合（$X, \preceq$）の最大（小）元が存在するならば、それはただ1つしか存在しない。

(証明) 最大元aとは別に、もう1つの最大元bがあったと仮定する。

aは順序集合Xの最大元であるから、$b \preceq a$が成り立つ。

また、bも順序集合Xの最大元であるから、$a \preceq b$が成り立つ。

集合Xは順序集合であるから、反対称律が成立するから、

$b \preceq a \wedge a \preceq b \quad \Rightarrow \quad a = b$ Q.E.D.

§9.5 極大元と極小元

集合Xの極大元または極小元とは、それぞれ次の定義を満たすものをいう。

【定義92】 極大元

（$X, \preceq$）を順序集合とし、AをXの部分集合とする。

$a \in A$に対し、

$$\neg(\exists x \in A\ [a \preceq x])$$

が成り立つとき、aをAの**極大元**という。

【定義93】　極小元

$(X, \preccurlyeq)$ を順序集合とし、AをXの部分集合とする。

$a \in A$に対し、

$$\neg(\exists x \in A\ [x \preccurlyeq a])$$

が成り立つとき、aをAの**極小元**という。

極大元や極小元は存在するとは限らない。しかし、多数存在することもある。この定義は主に全順序集合でない集合の最大元や最小元を与える定義である。

＜例＞集合$A = \{x \in \mathbb{N} \mid 1 < x,\ x \mid 36\}$

$= \{2, 3, 4, 6, 9, 12, 18, 36\}$ とし、

$\forall m,\ n \in A$に対して、順序関係$\preccurlyeq$を、$m \preccurlyeq n \Leftrightarrow m \mid n$とする。

$\forall x \in A$に対して$x \mid 36$であるから、$x \preccurlyeq 36$である。

$\therefore$　36は最大元である。

また、$\forall x \in A$に対して$36 \mid x$でないから、$36 \preccurlyeq x$なるxが存在しない。

$\therefore$　36は極大元である。

$x = 2$については、$\forall x \in A$に対して$x \mid 2$でないから、$x \preccurlyeq 2$なるxが存在しない。よって、極小元である。

しかし、$2 \mid x$はxが3や9に対しては成り立たない。

よって、$2 \preccurlyeq x$でないから、最小元でない。

$x = 3$の場合も同様に、極小元であるが最小元でない。このように、極小元については、複数存在している。

【定理69】 最大元と極大元の一致

$(X, \preccurlyeq)$ が全順序集合であれば、極大元と最大元は一致し、極小元と最小元は一致する。

極大元の定義は否定形の表現となっている。そこで、述語論理のド・モルガンの法則（定理30）によって、この定義を書き直すと、

$$
\begin{aligned}
\text{(極大元の定義)} &\equiv \neg\ [\exists x \in A\ [a \preccurlyeq x]] \\
&\equiv \forall x \in A\ [\neg (a \preccurlyeq x)] \qquad \text{(ド・モルガンの法則)} \\
&\equiv \forall x \in A\ [(x \preccurlyeq a)] \qquad \text{(最大元の定義)}
\end{aligned}
$$

ところが、この最終式で、$\neg (a \preccurlyeq x) \equiv (x \preccurlyeq a)$ としているが、これは全順序集合では成り立つが、一般の順序集合では、必ずしも成り立たない。このように、順序の否定がある表現には、特に注意が必要である。

§9.6 上界（じょうかい）と下界（かかい）、および有界

集合Xの上界（または下界）、および有界とは、それぞれ次の定義を満たすものをいう。

【定義94】 上界と上に有界

$(X, \preccurlyeq)$ を順序集合とし、AをXの部分集合とする。

$b \in X$に対し、

$$\forall x \in A\ [x \preccurlyeq b]$$

が成り立つとき、bをAの**上界**という。

Aに上界が存在するとき、Aは**上に有界**という。

【定義95】 下界と下に有界

$(X, \preceq)$ を順序集合とし、AをXの部分集合とする。

$b \in X$に対し、

$$\forall x \in A \ [b \preceq x]$$

が成り立つとき、bをAの**下界**という。

Aに下界が存在するとき、Aは**下に有界**という。

【定義96】 有界

$(X, \preceq)$ を順序集合とし、AをXの部分集合とする。

Aが上に有界、かつ　下に有界

であるとき、単にAは**有界である**という。

§9.7 上限と下限

集合Xの上限、または下限とは、それぞれ次の定義を満たすものをいう。

【定義97】 上限

$(X, \preceq)$ を順序集合とし、AをXの部分順序集合とする。

Aに上界があるとき、Aの上界全体の集合をBとする。

Bの最小元を**上限**といい、$\sup A$で表す。

【定義98】 下限

$(X, \preccurlyeq)$ を順序集合とし、A を X の部分順序集合とする。

A に下界があるとき、A の下界全体の集合をBとする。

B の最大元を**下限**といい、$\inf A$ で表す。

上限や下限が存在しても、それがAに属するとは限らない。

もし、$\sup A \in A$ であれば、それは、A の最大元に一致する。

あとがき

本書を執筆するに当たって、題材・例題・図表などに関して、以下の書物を参考にし、また、一部の引用も行なった。ここに、感謝の意を込めて、各著者にお礼を申し上げたい。

＜論理関係＞

1. 中内伸光（著）:「ろんりの練習帳」（共立出版、2002年）
2. 渡辺治、他3名（著）:「数学の言葉と論理」（朝倉書店、2008年）
3. 硲文夫（著）:「論理と代数の基礎」（培風館、2003年）
4. 鈴木治郎（訳）「証明の楽しみ（基礎編）」
（ピアソン・エデュケーション、2004年）

＜集合関係＞

1. 齋藤正彦（著）:「数学の基礎」（東京大学出版会、2002年）
2. 松坂和夫（著）:「集合・位相入門」（岩波書店、1968年）
3. 赤摂也（著）:「集合論入門」（培風館、1966年）
4. 弥永昌吉・小平邦彦（著）:「現代数学概説Ⅰ」（岩波書店、1966年）
5. 河田敬義・三村征雄（著）:「現代数学概説Ⅱ」（岩波書店、1965年）

記号一覧

＜論理＞

$:=$	定義
$\equiv$	同値
$\wedge$	論理和（または）
$\vee$	論理積（かつ）
$\neg$	否定　（でない）
$\rightarrow$	条件付き命題（ならば）
$\Rightarrow$	演繹（ならば）
$\Leftrightarrow$	必要十分
I	恒真命題
O	恒偽命題
$\forall$	全称記号（任意の,すべての）
$\exists$	存在記号（存在する）
$\exists_1$	存在記号（ただ1つ存在する）
$\therefore$	ゆえに
$\because$	なぜなら
Q.E.D.	証明完了

＜特定の集合＞

$\mathbb{N}$	自然数の集合
$\mathbb{Z}$	整数の集合
$\mathbb{Q}$	有理数の集合
$\mathbb{R}$	実数の集合
$\mathbb{C}$	複素数の集合

＜集合＞

ϕ	空集合
Ω	普遍集合
$\cup$	合併集合（和集合）
$\sqcup$	直和
$\cap$	交差集合（積集合）
$\times$	直積集合
$\subset, \supset$	部分集合
$A-B$	差集合
A^c	Aの補集合
$\mathcal{P}(A)$	Aの巾集合
B^A	AからBへの写像による配置集合
$x \in A$	元の帰属（xはAに属する）
$x \notin A$	元の非帰属（xはAに属さない）
$\lvert A \rvert$	Aの元の個数

＜関係＞

$\mathcal{F}$	類別
$a \sim b$	二項関係
$a \prec b$	順序関係
$a \mid b$	整除関係（aはbの約数である）
$a \nmid b$	非整除関係（aはbの約数でない）
⊿	恒等関係（対角集合）
G(⊿)	恒等関係のグラフ
$\mathbf{I}$	恒等写像
$g \circ f$	写像fと写像gの合成写像
f^{-1}	逆写像
$f^{-1}(a)$	写像fによるaの逆像
$\mathrm{C}(a)$	代表元aの同値類
$\mathrm{A}/\sim$	関係〜による商集合
Pr_{A}	Aの射影
$\chi(A, x)$	Aの特性関数
$\max A$	Aの最大元
$\min A$	Aの最小元
$\sup A$	Aの上限
$\inf A$	Aの下限

索引

著者略歴

辻　一夫（つじ　かずお）

1947年　滋賀県多賀町にて出生
1965年　滋賀県立彦根東高等学校卒業
1971年　京都大学理学部物理学科卒業
　　　　住友電気工業㈱入社
　　　　・世界で始めて1.3カラットの大きさのダイヤモンド単結晶の合成に成功
　　　　・cBN-TiN系セラミックの超高圧焼結に世界で始めて成功し、工具材料の刃先として実用化の先鞭をつける
　　　　・その生産の中核となる超高圧・高温技術の開発、及び、関連する硬質材料の切断加工技術の開発に従事
2007年　定年退職

＜社会活動＞NPO法人コアネット（関西）に所属し、中高生にロボットプログラミングを教えている
＜趣味＞　登山、コントラクトブリッジ

論理と集合

数学を理解するための基礎

2020年6月20日　初版第1刷発行

著　者　辻　一夫
発行者　岩根　順子
発行所　サンライズ出版株式会社
〒522-0004　滋賀県彦根市鳥居本町655-1
電話　0749-22-0627
印刷・製本　P-NET信州
DTP　西濃印刷株式会社
装幀　岸田詳子

ISBN978-4-88325-685-3　Printed in Japan
定価はカバーに表示しています。
乱丁・落丁本はお取り替えいたします。